私のお気に入りのフラクタル
単行本**2**巻
デビッド・**E**・マクアダムス著

この本の画像は **Fractal Forge** を使用して作成されました。 **Fractal Forge** は **https://sourc eforge.net/projects/fractalforge/** からダウンロードできます。

Copyright 2021, Life is a Story Problem, LLC. 全著作権所有。 著作権所有者の書面による明示的な同意がない限り、本書のいかなる部分も、いかなる方法であってもコピー、複製、または保存することはできません。

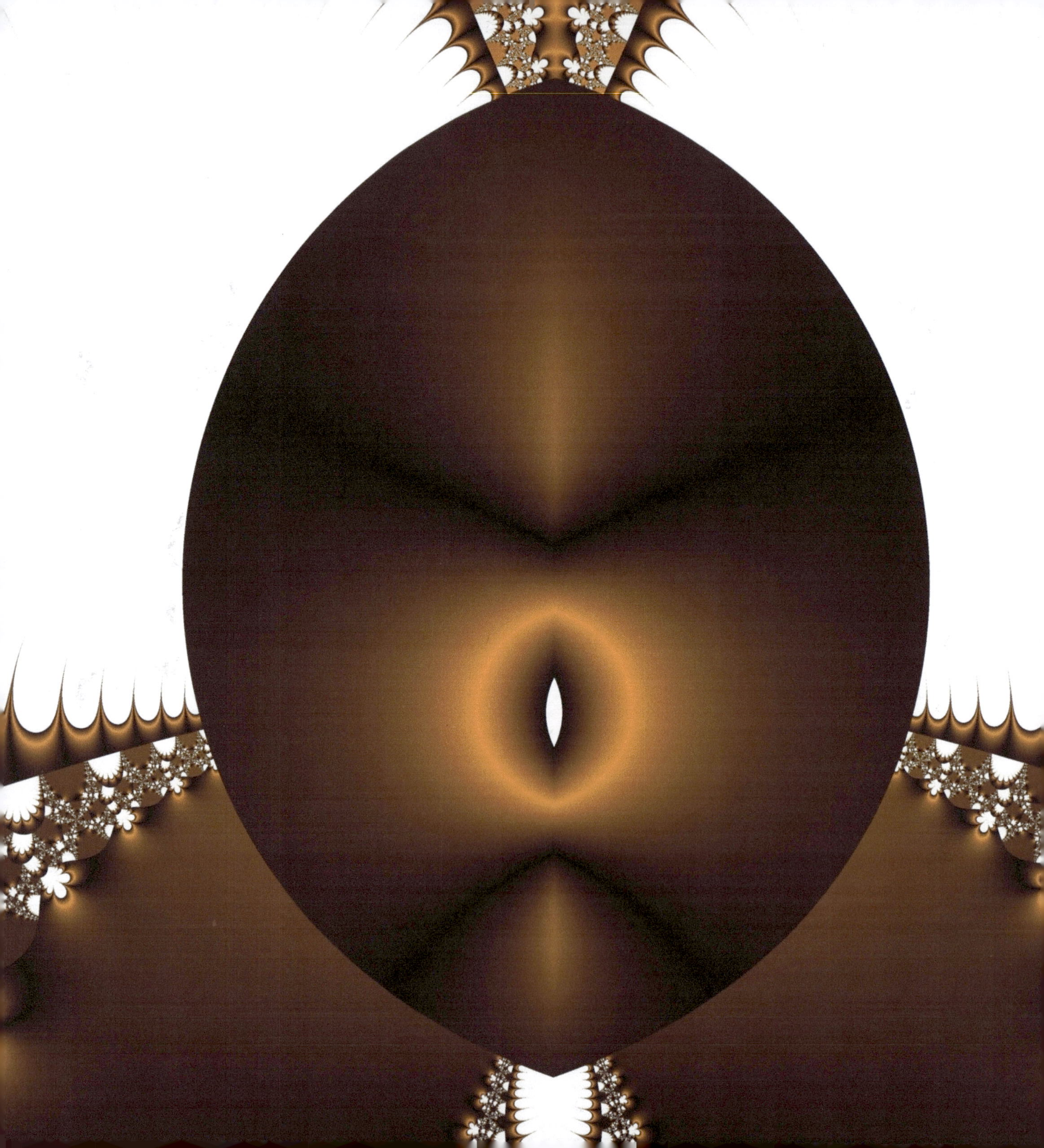

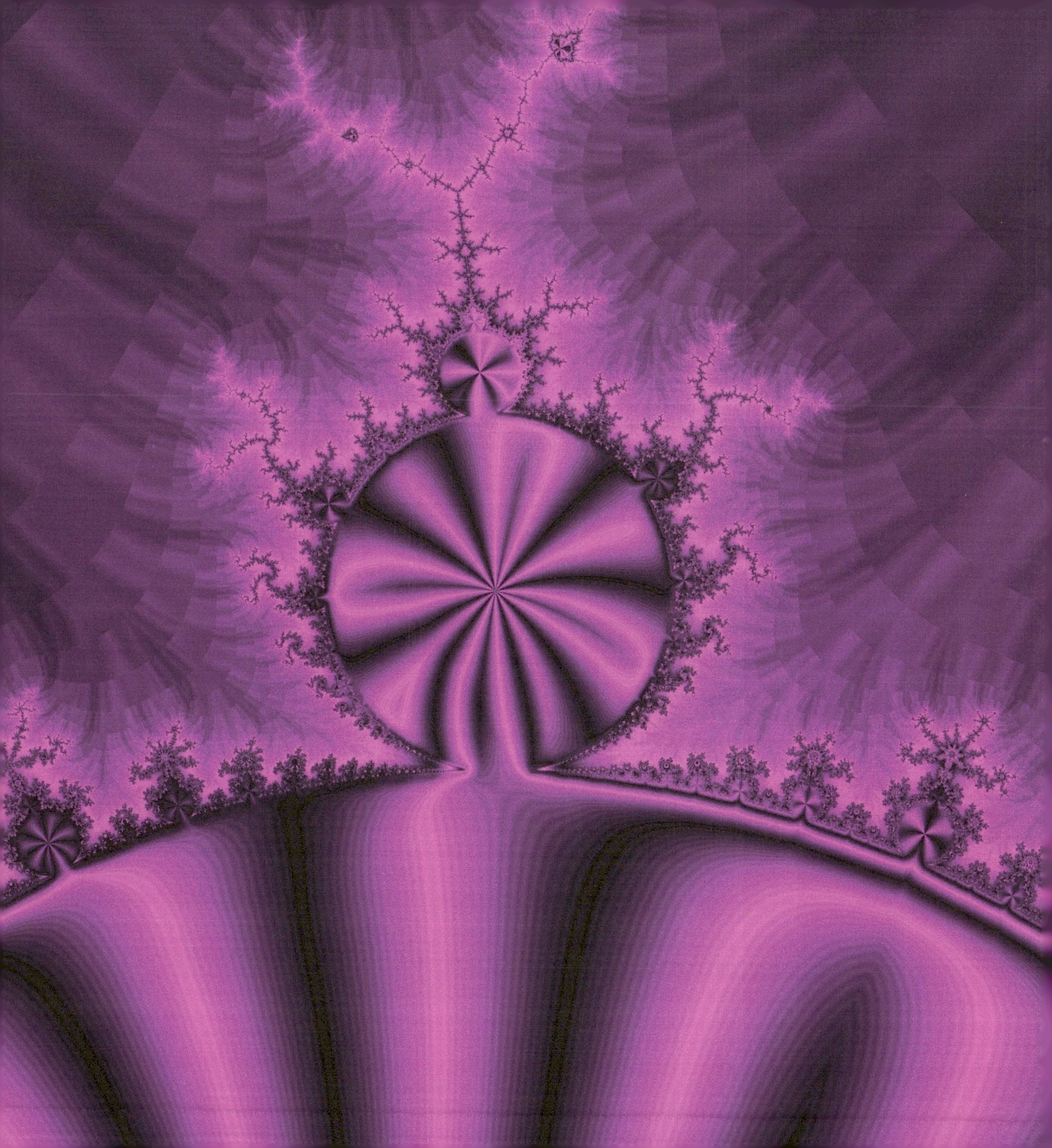

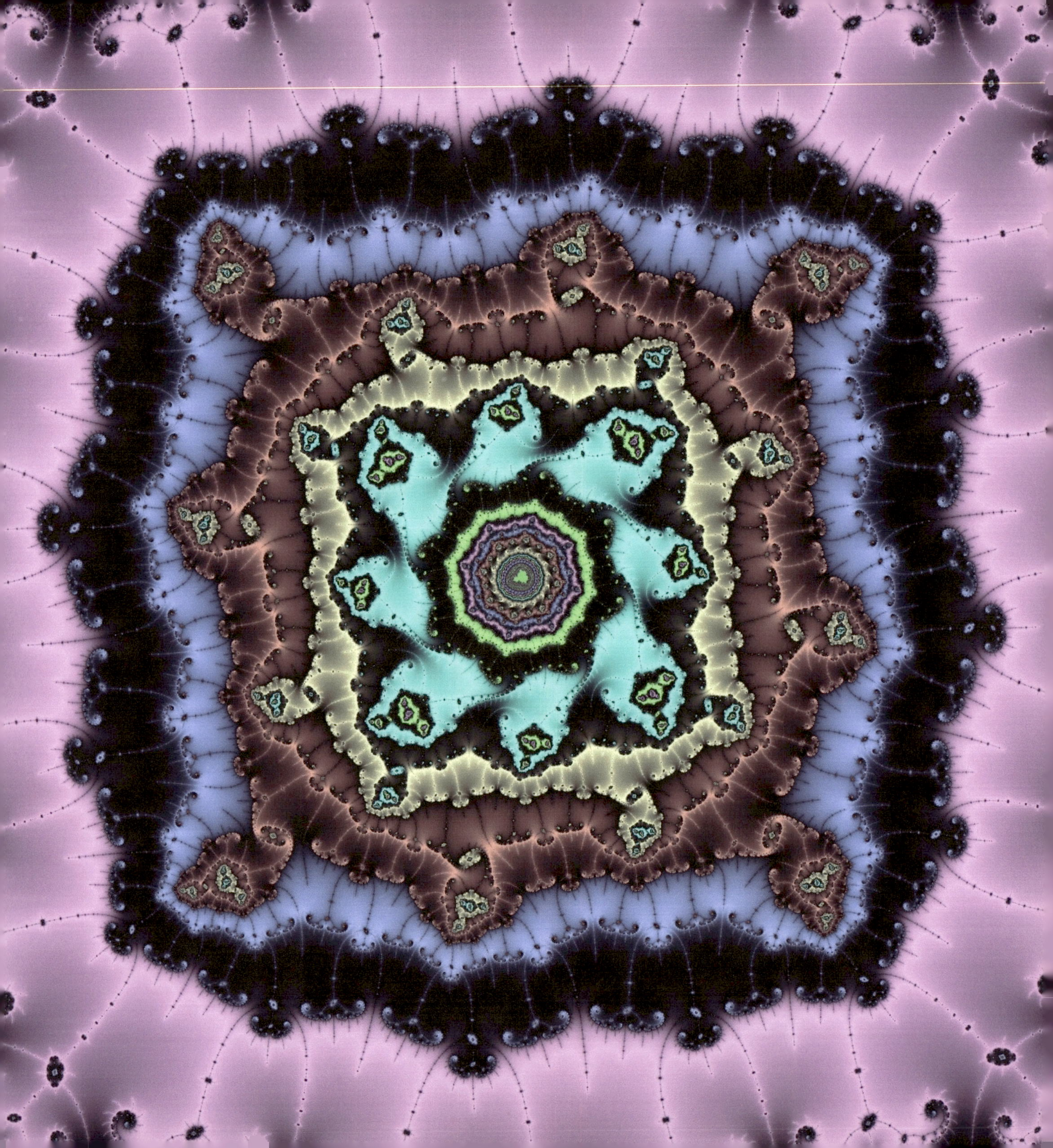

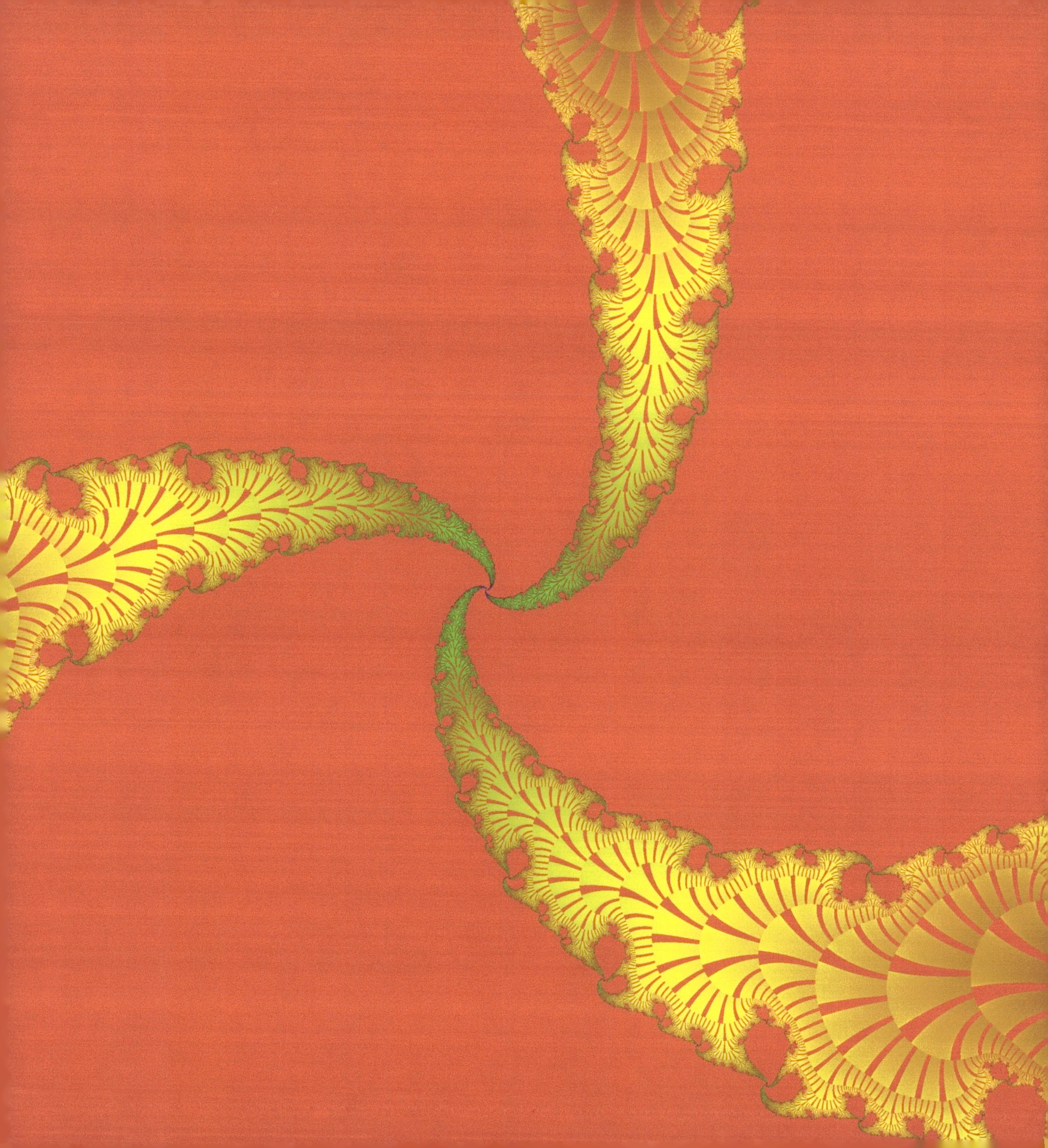

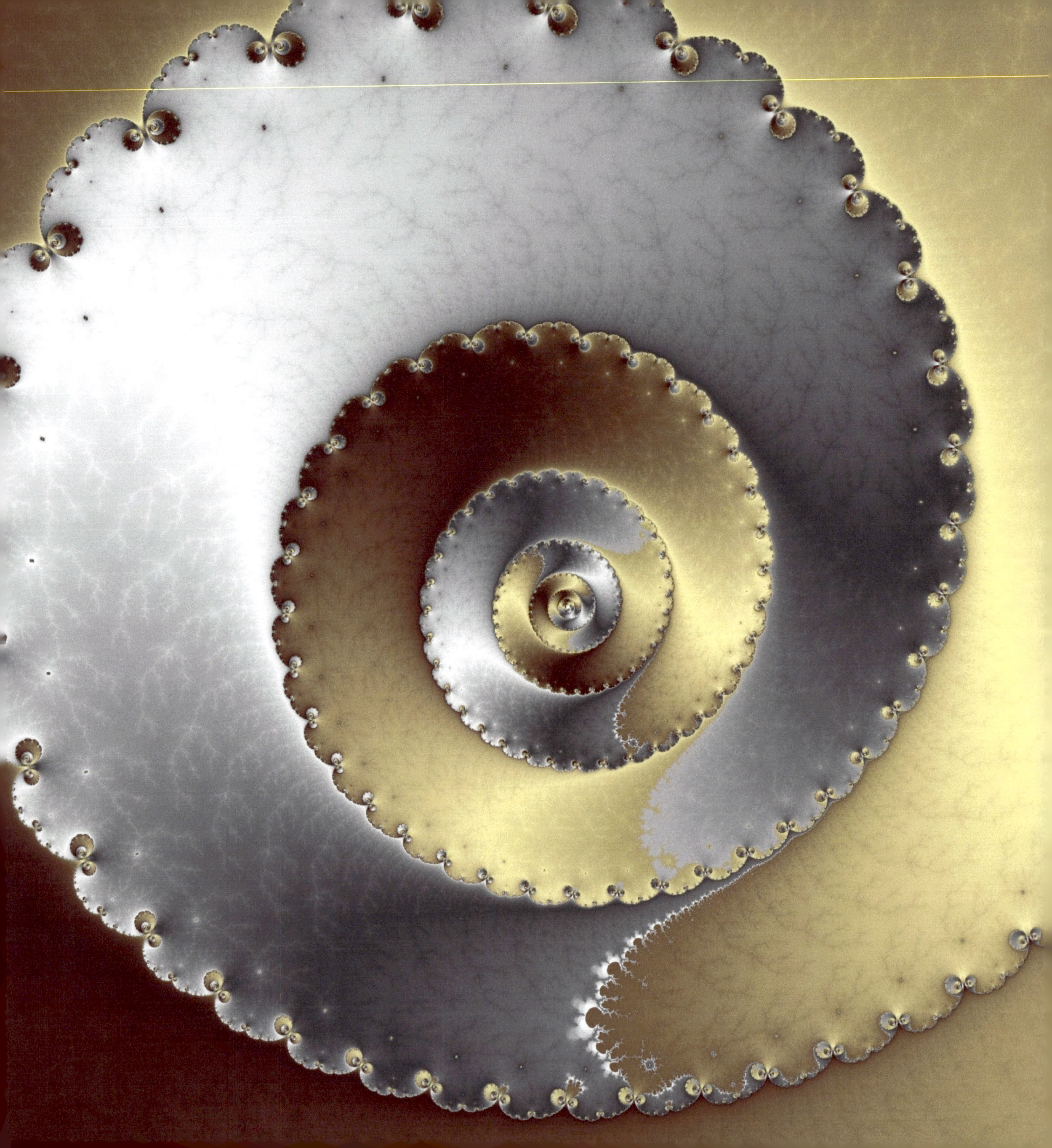

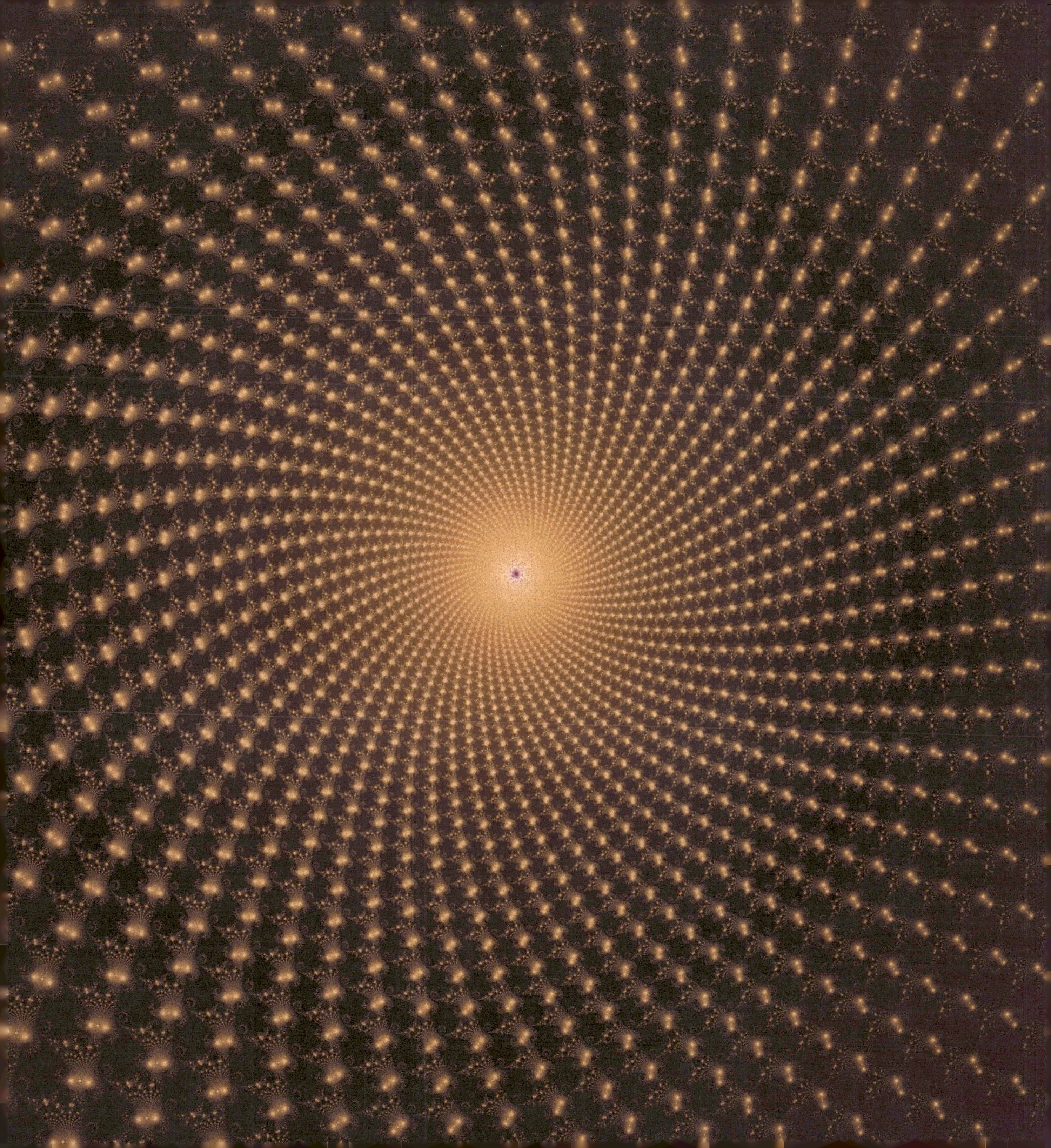

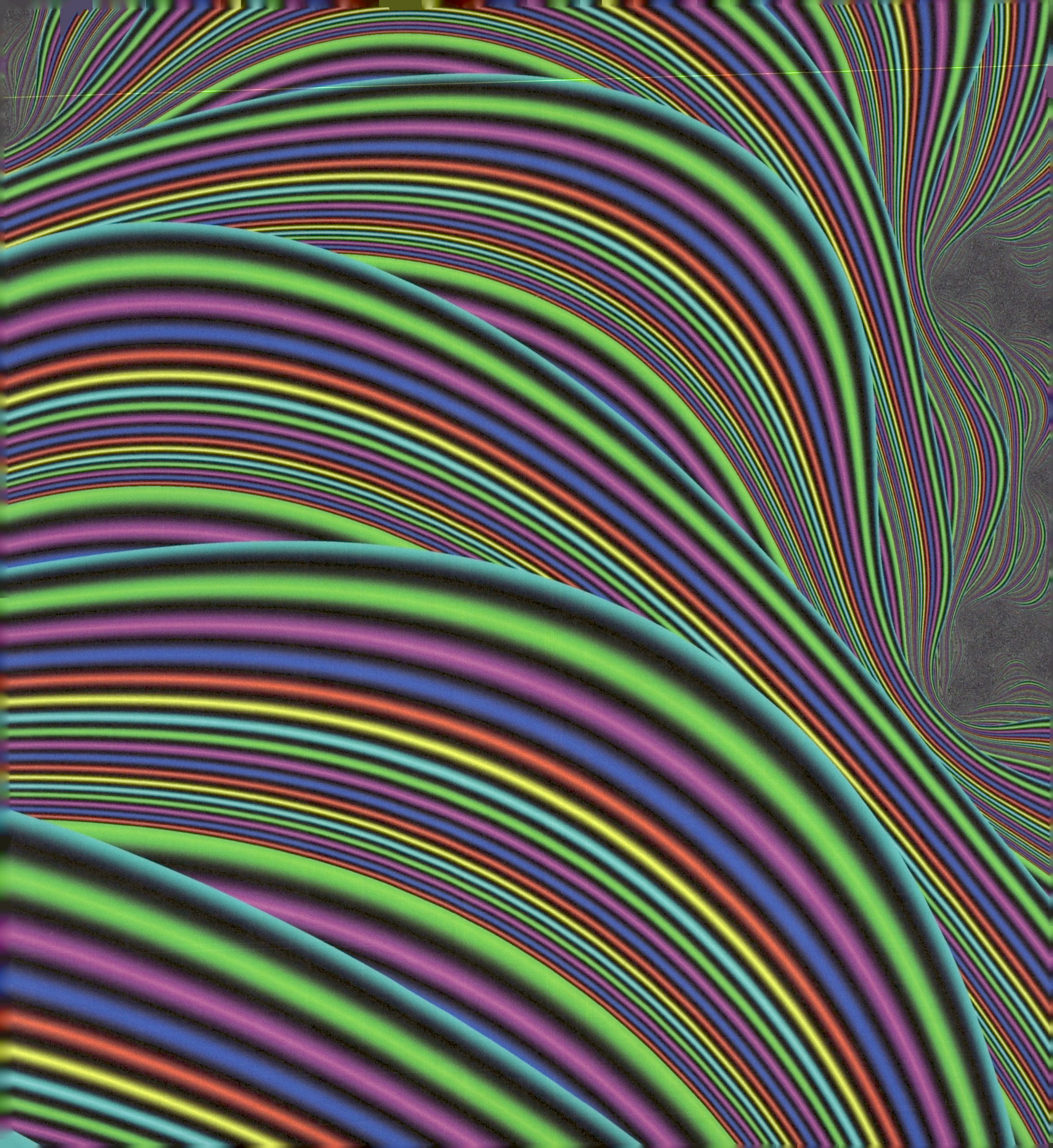

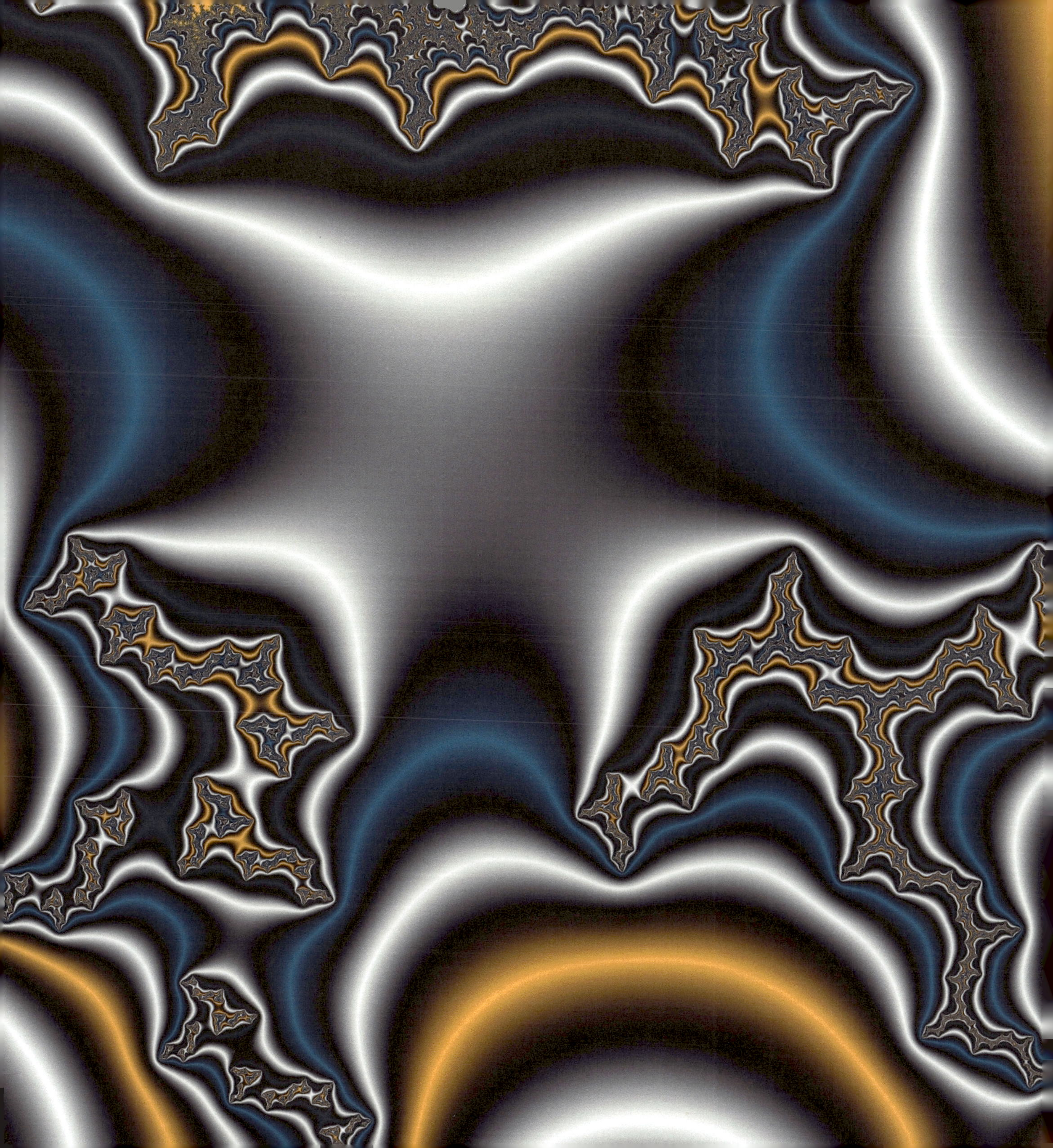

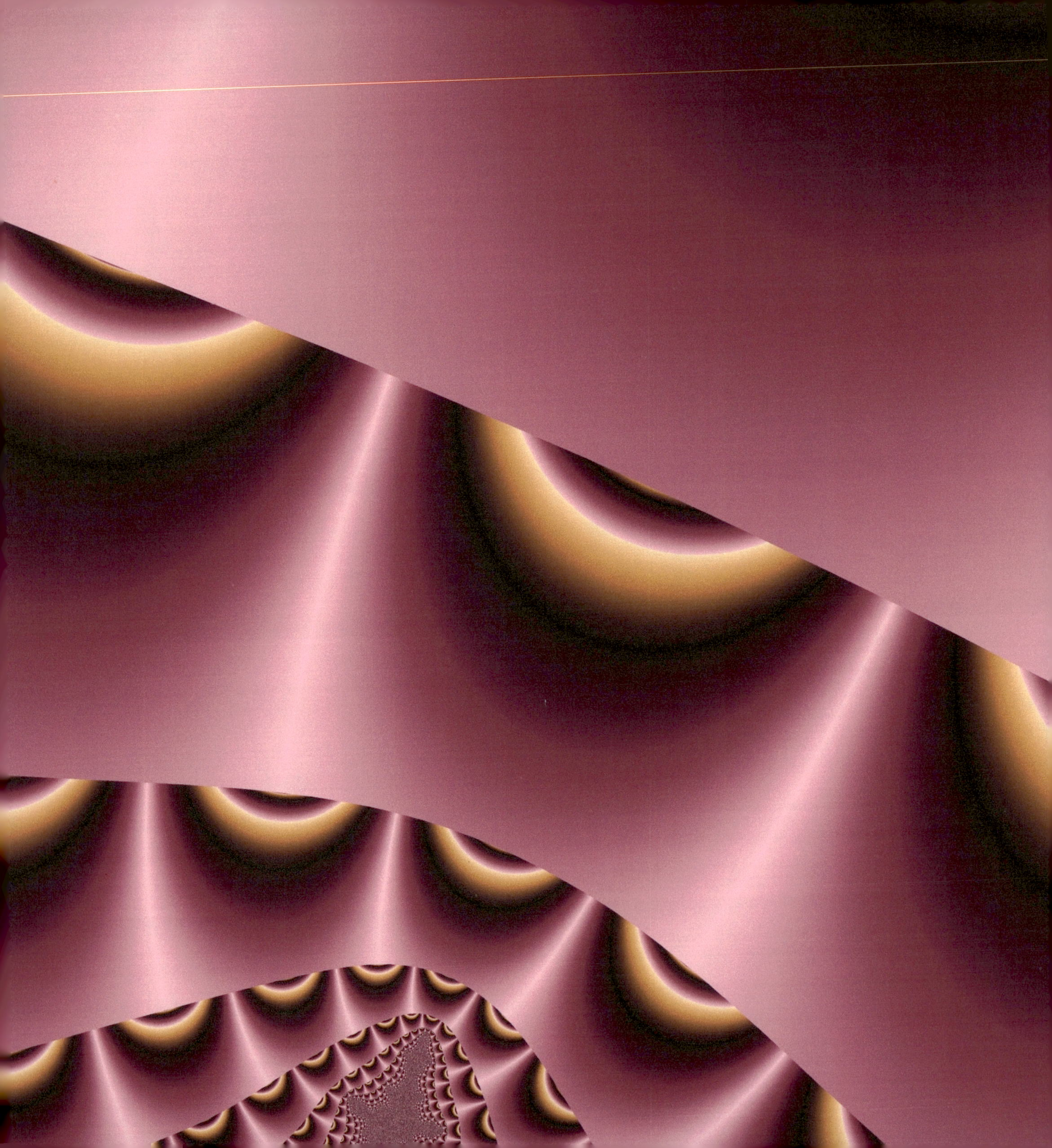

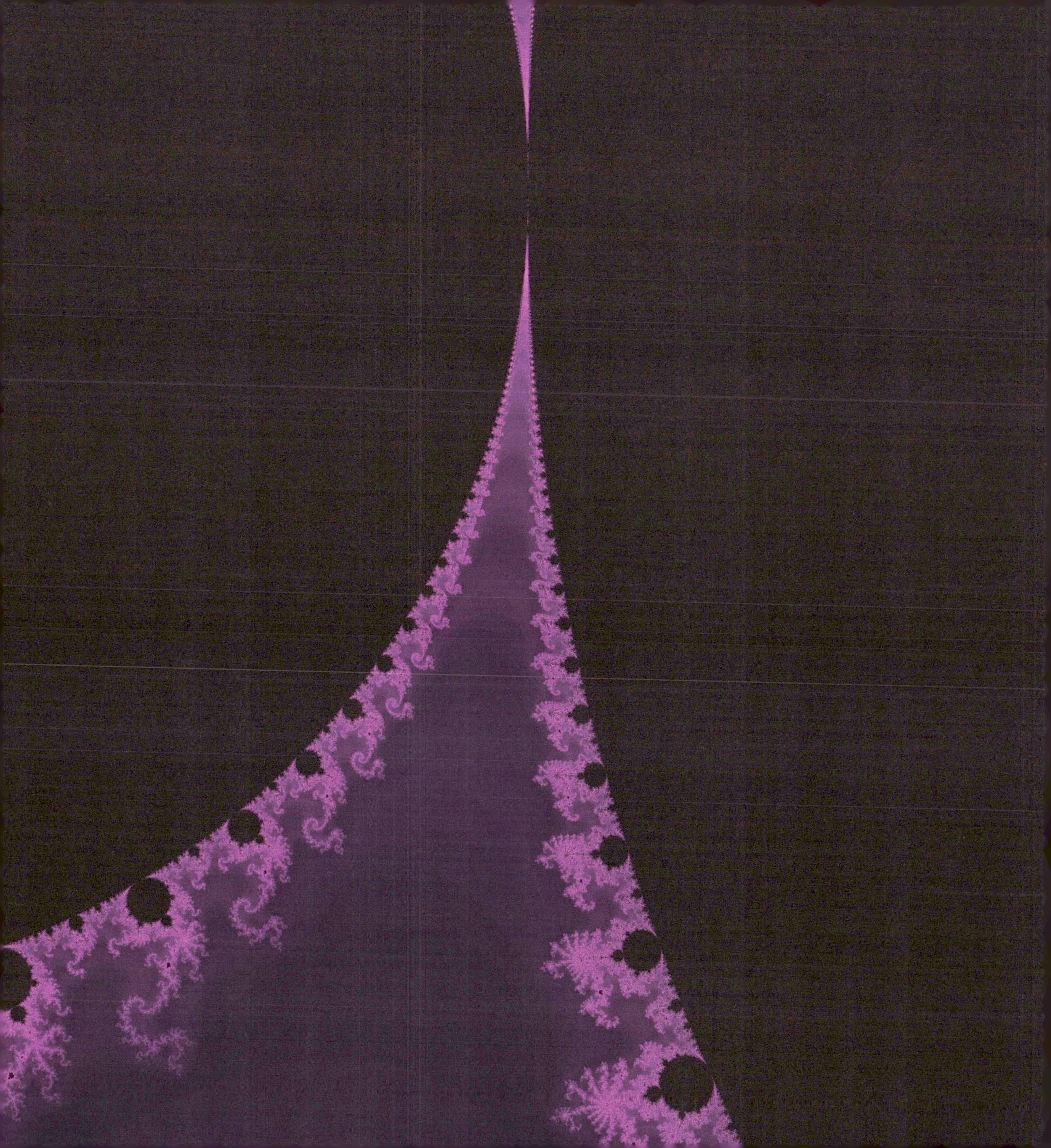

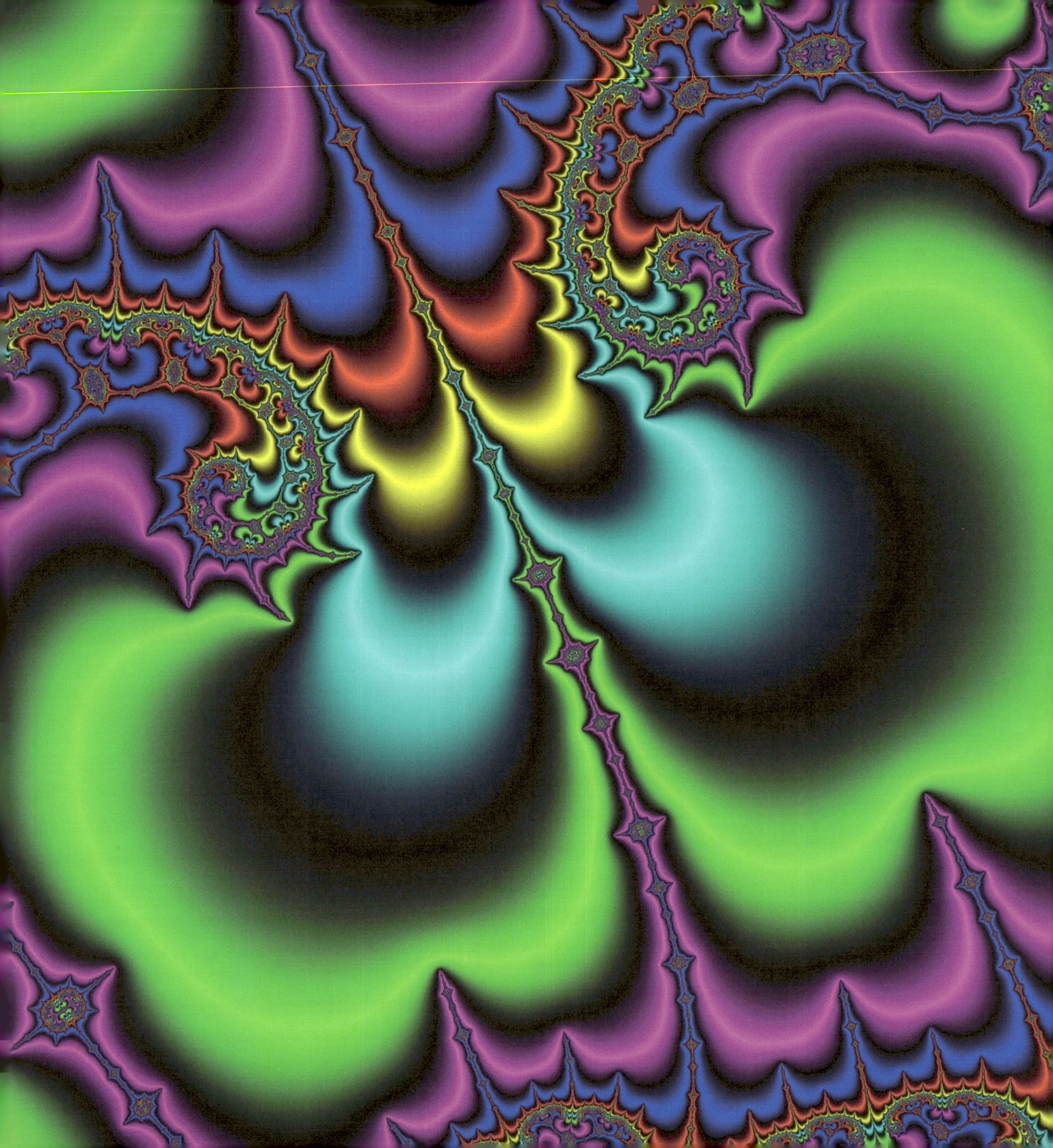

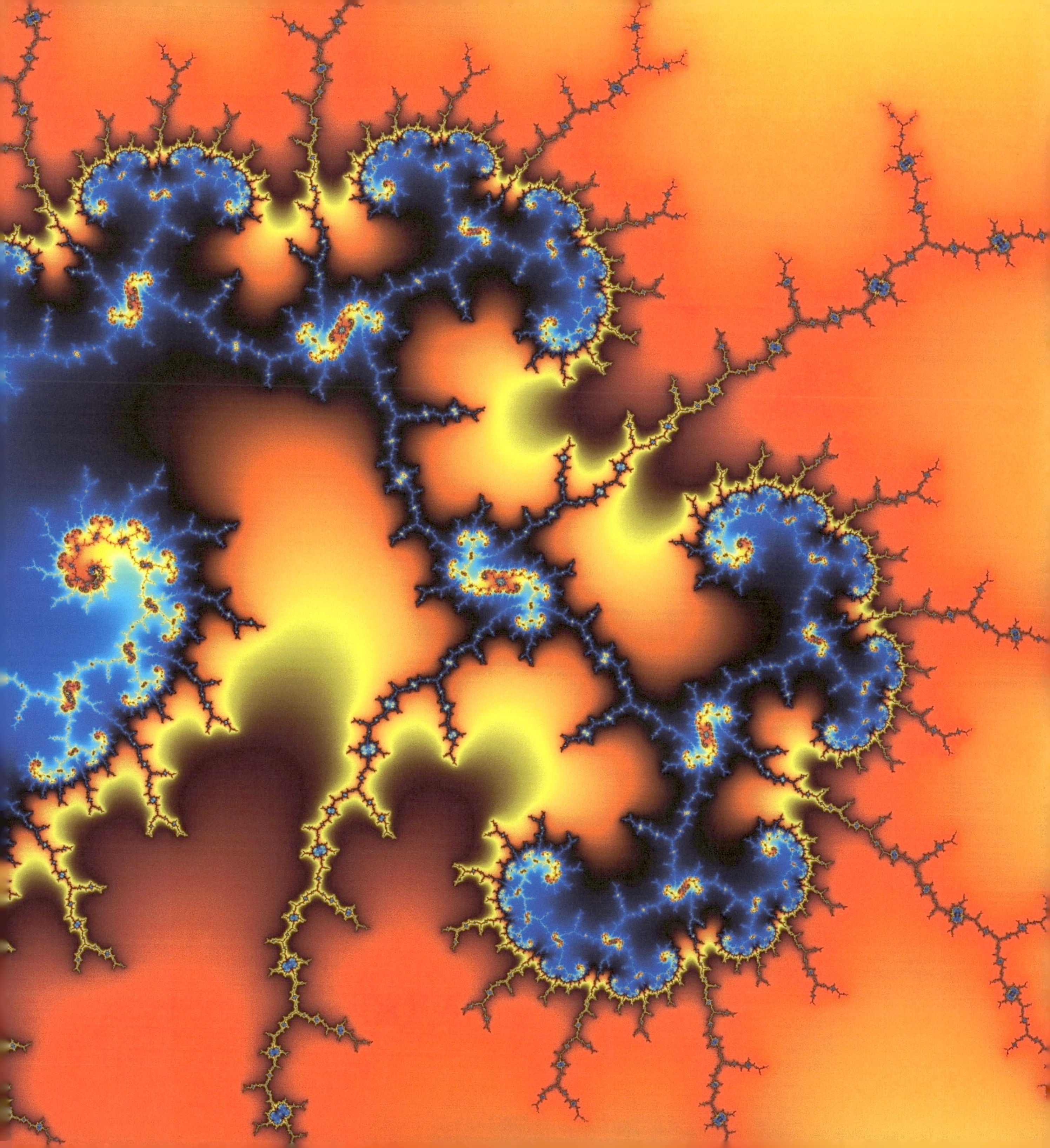

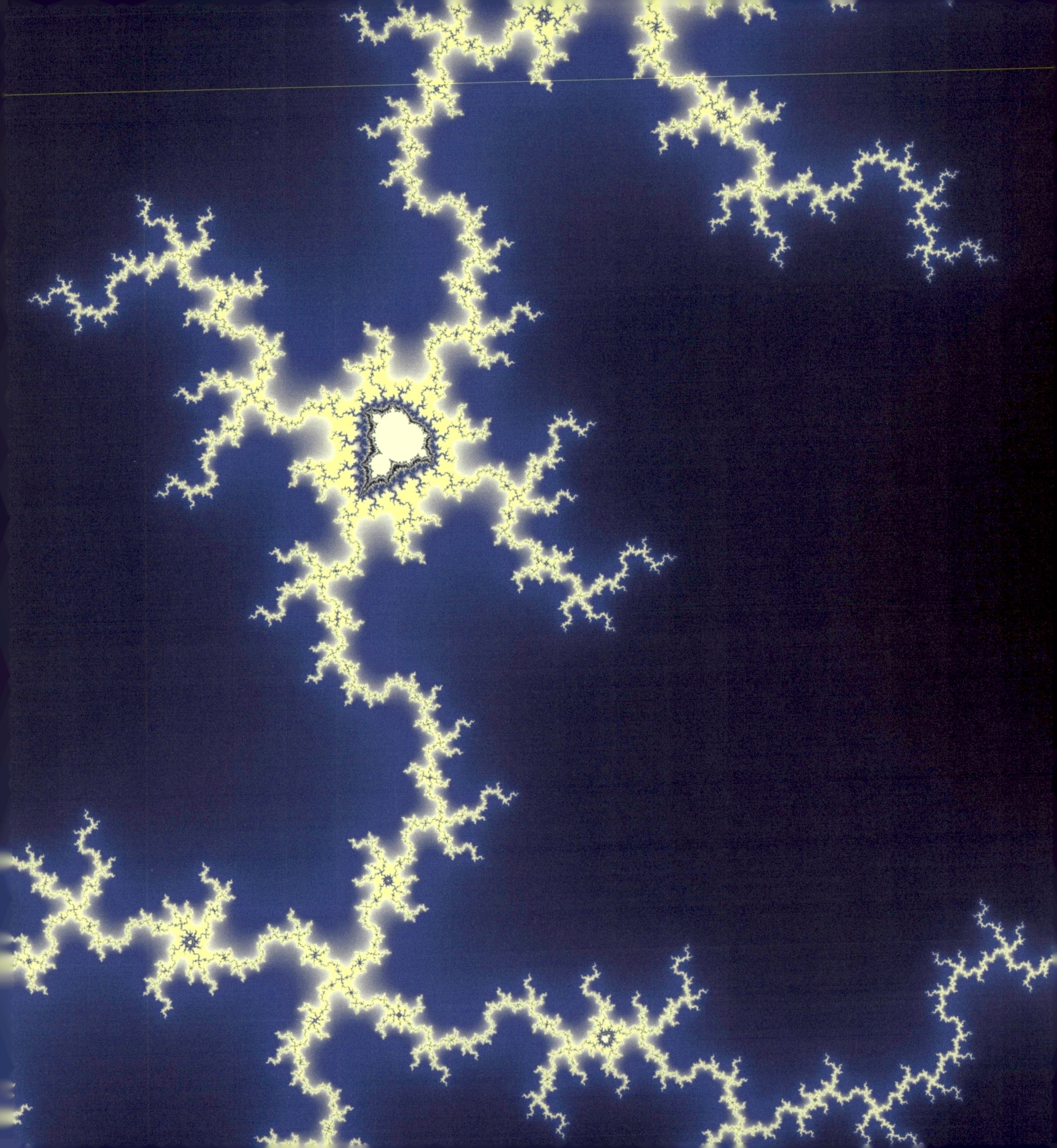

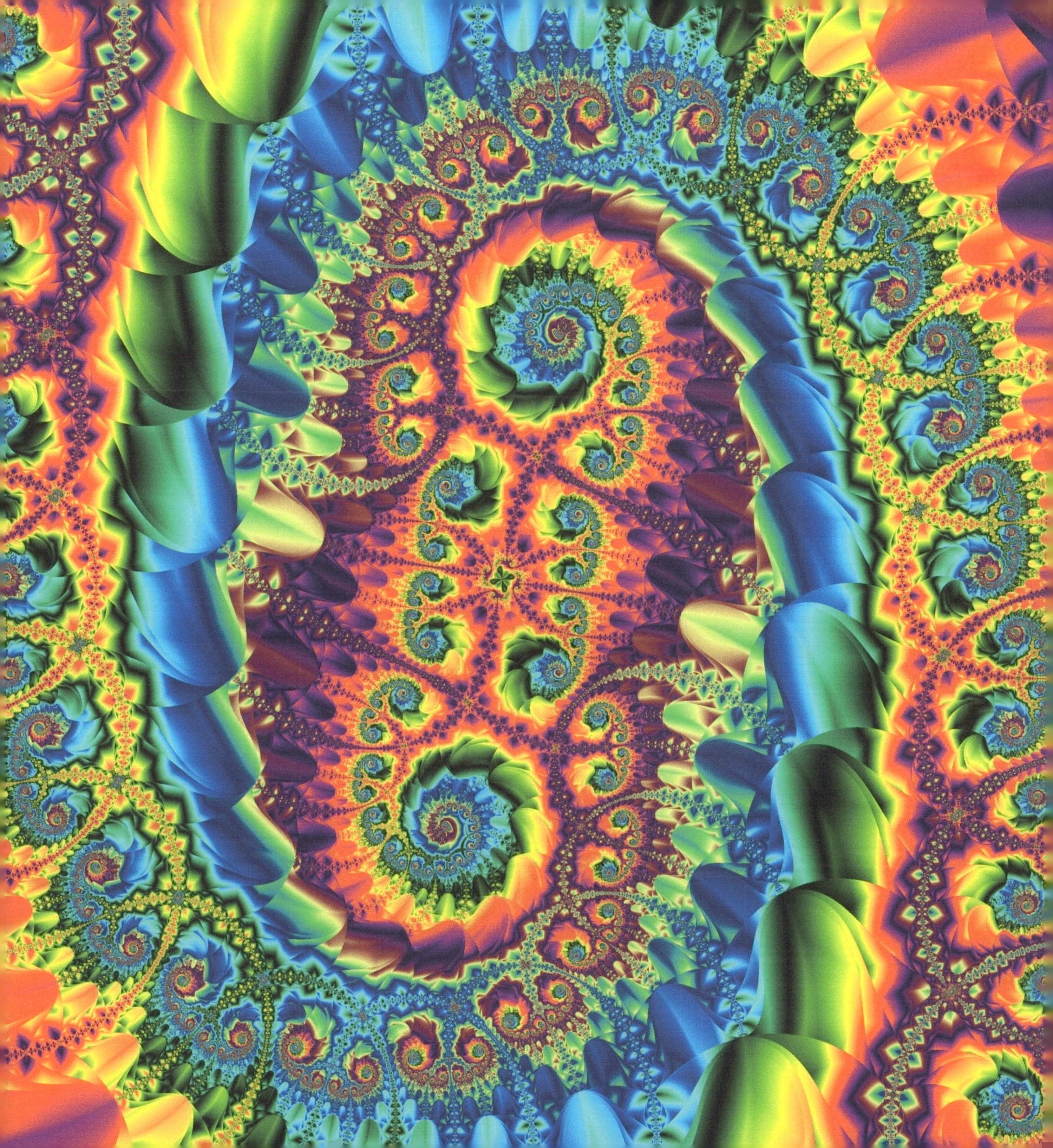

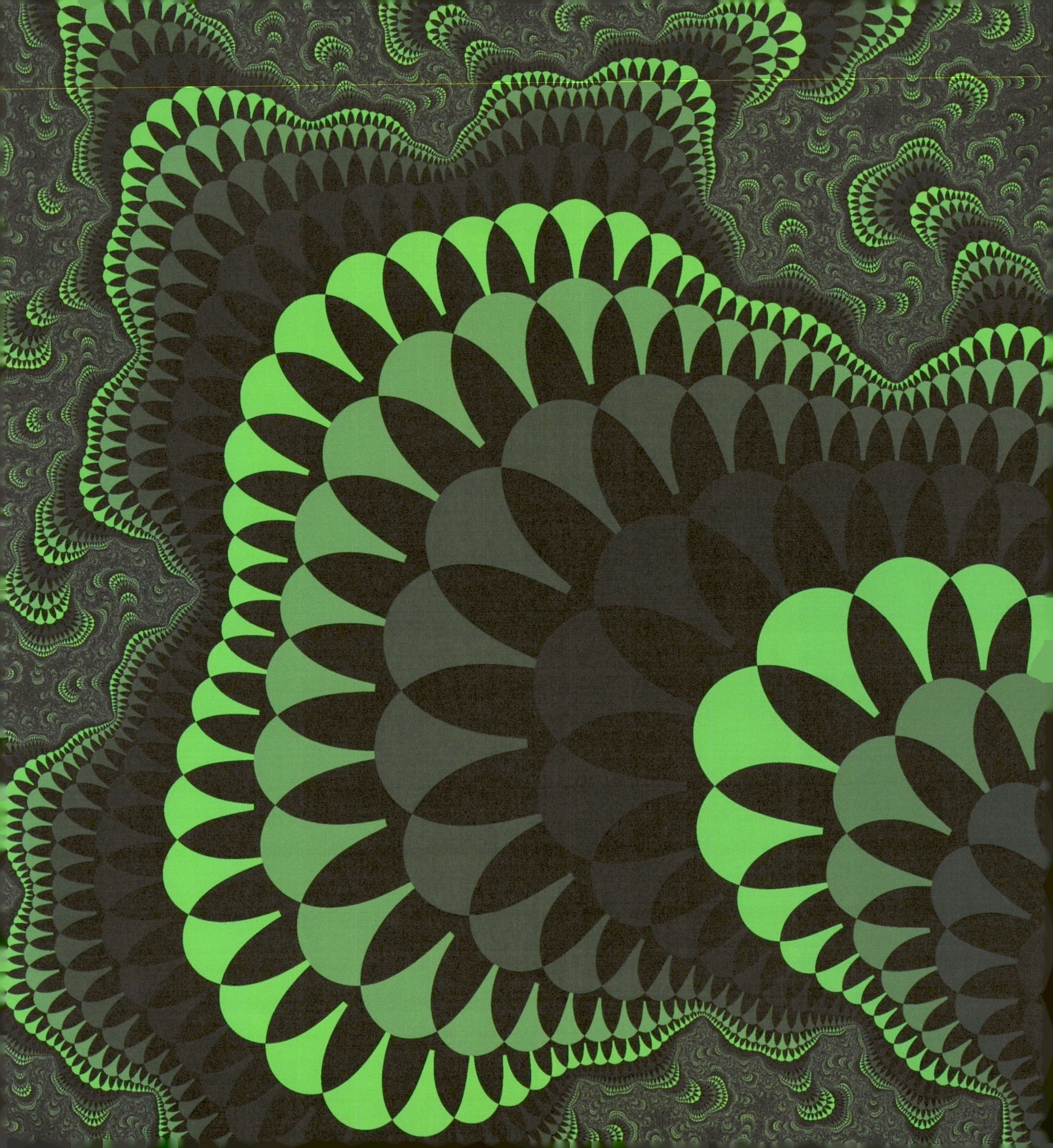

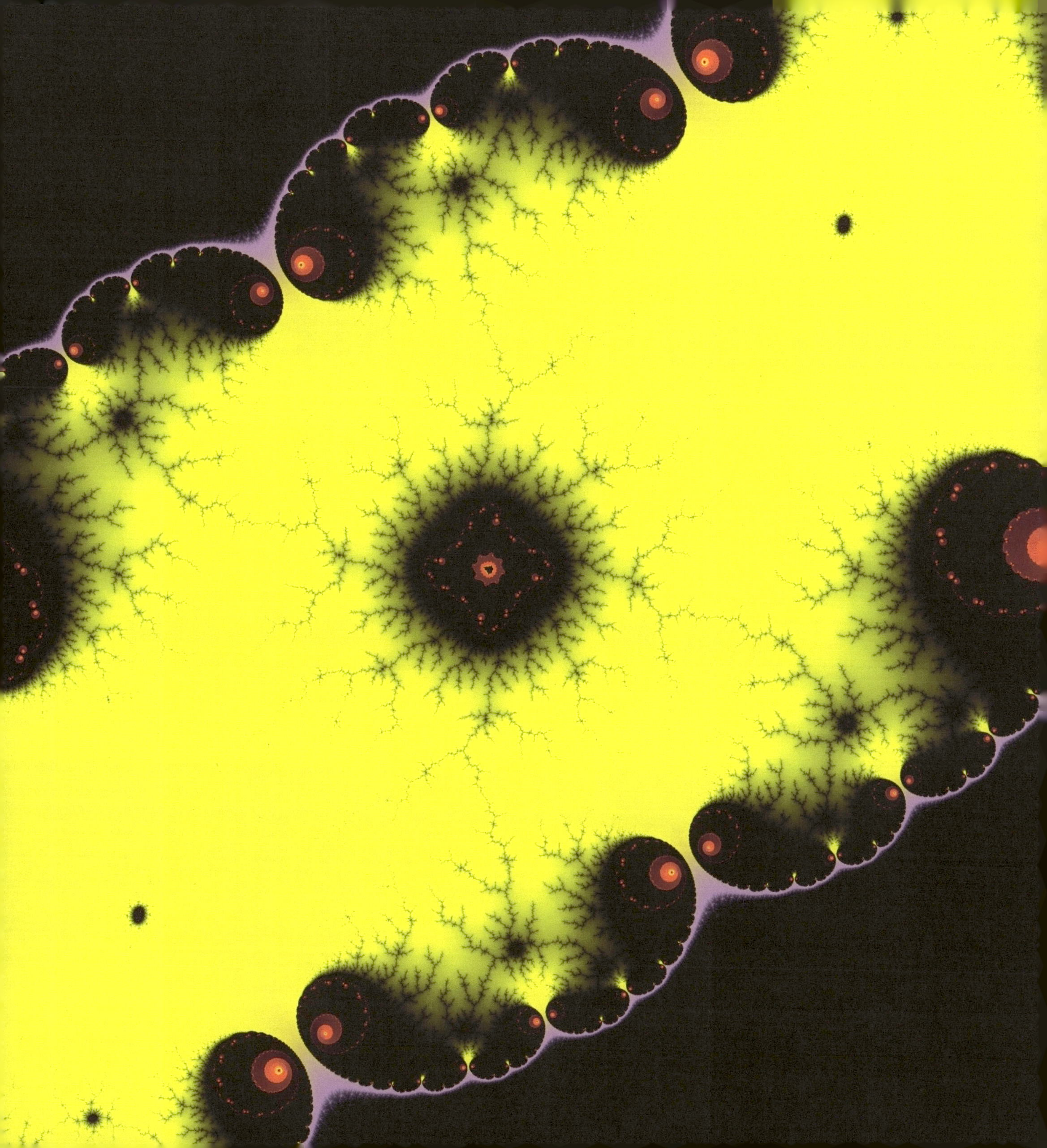

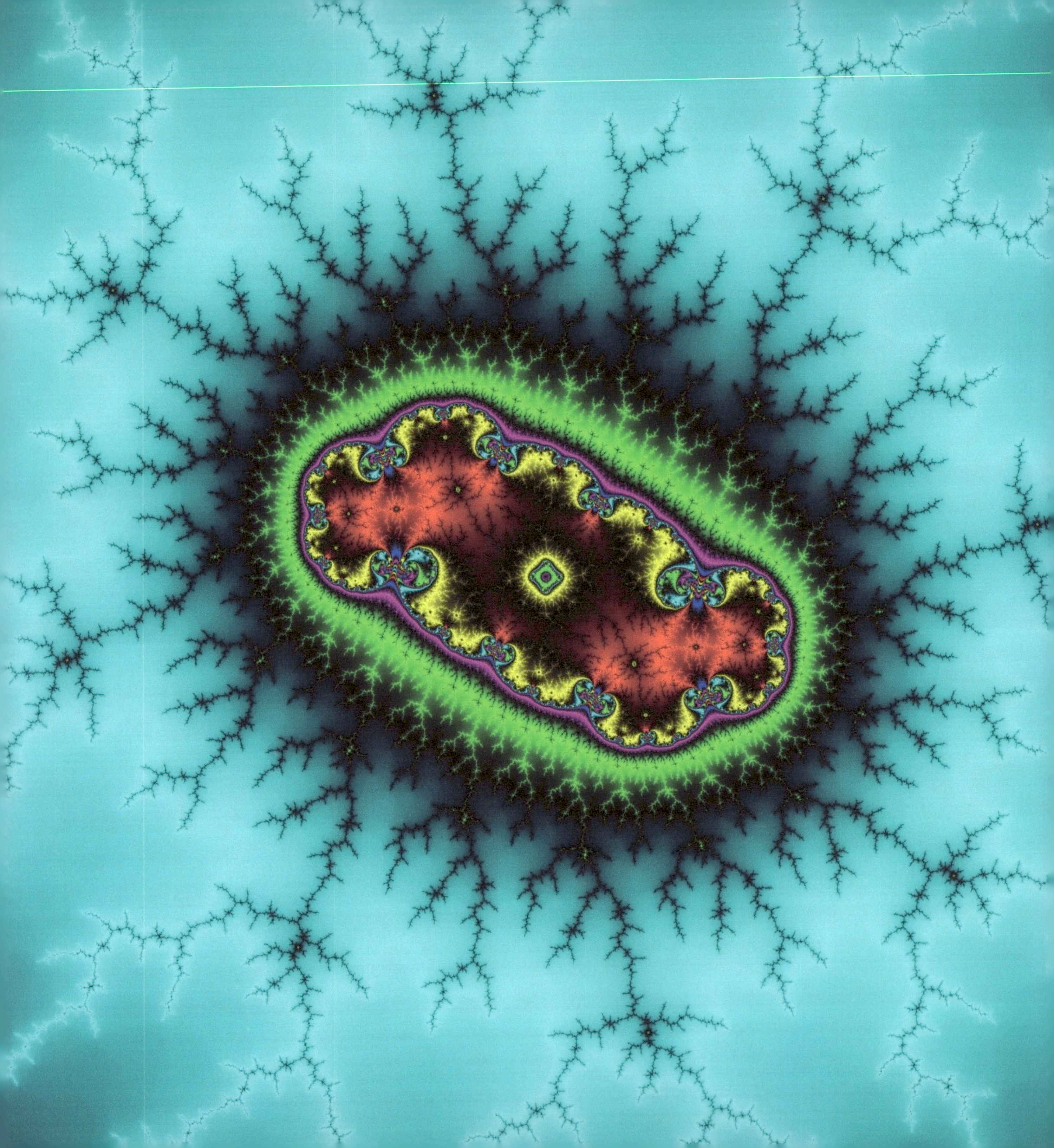

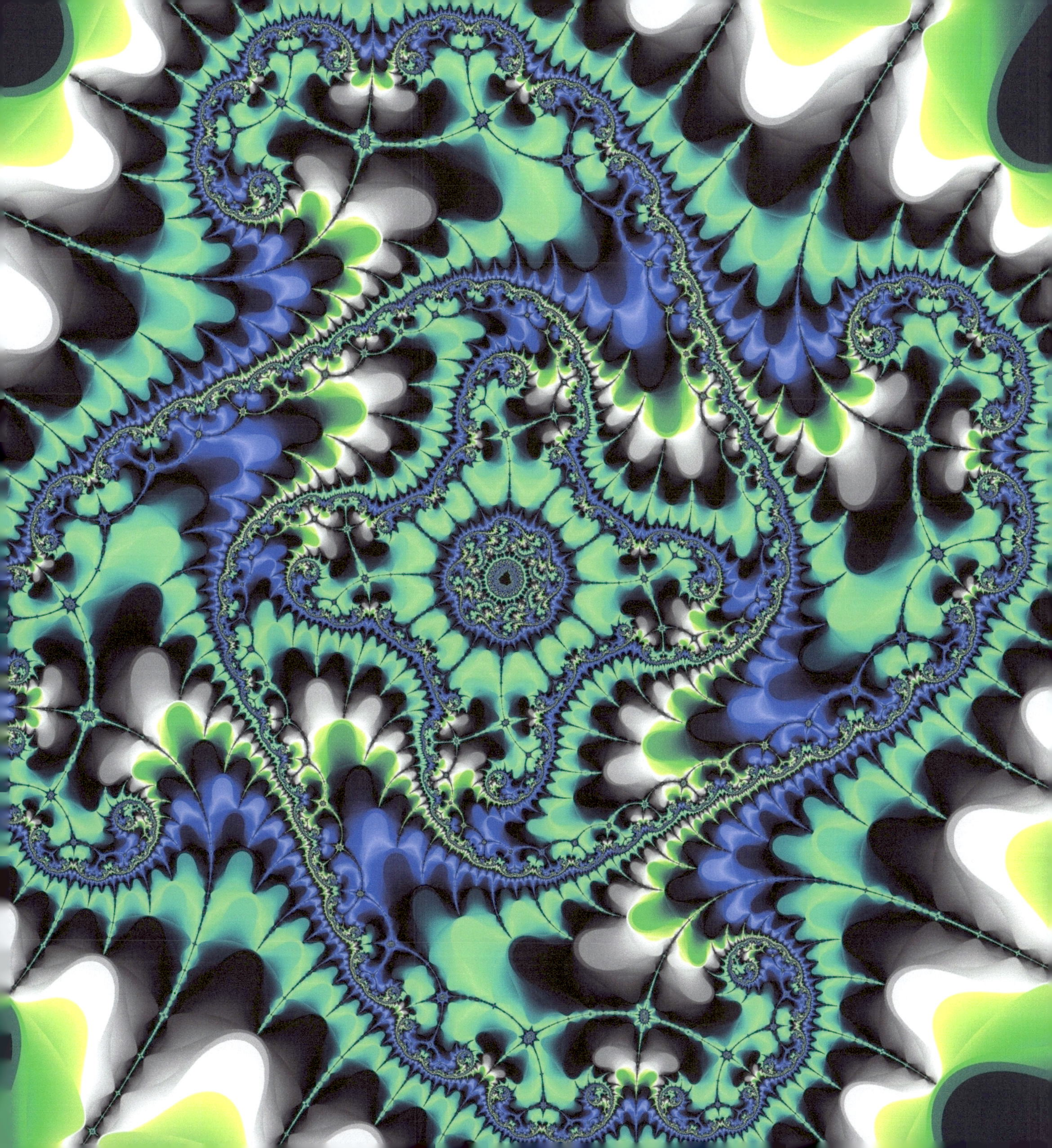

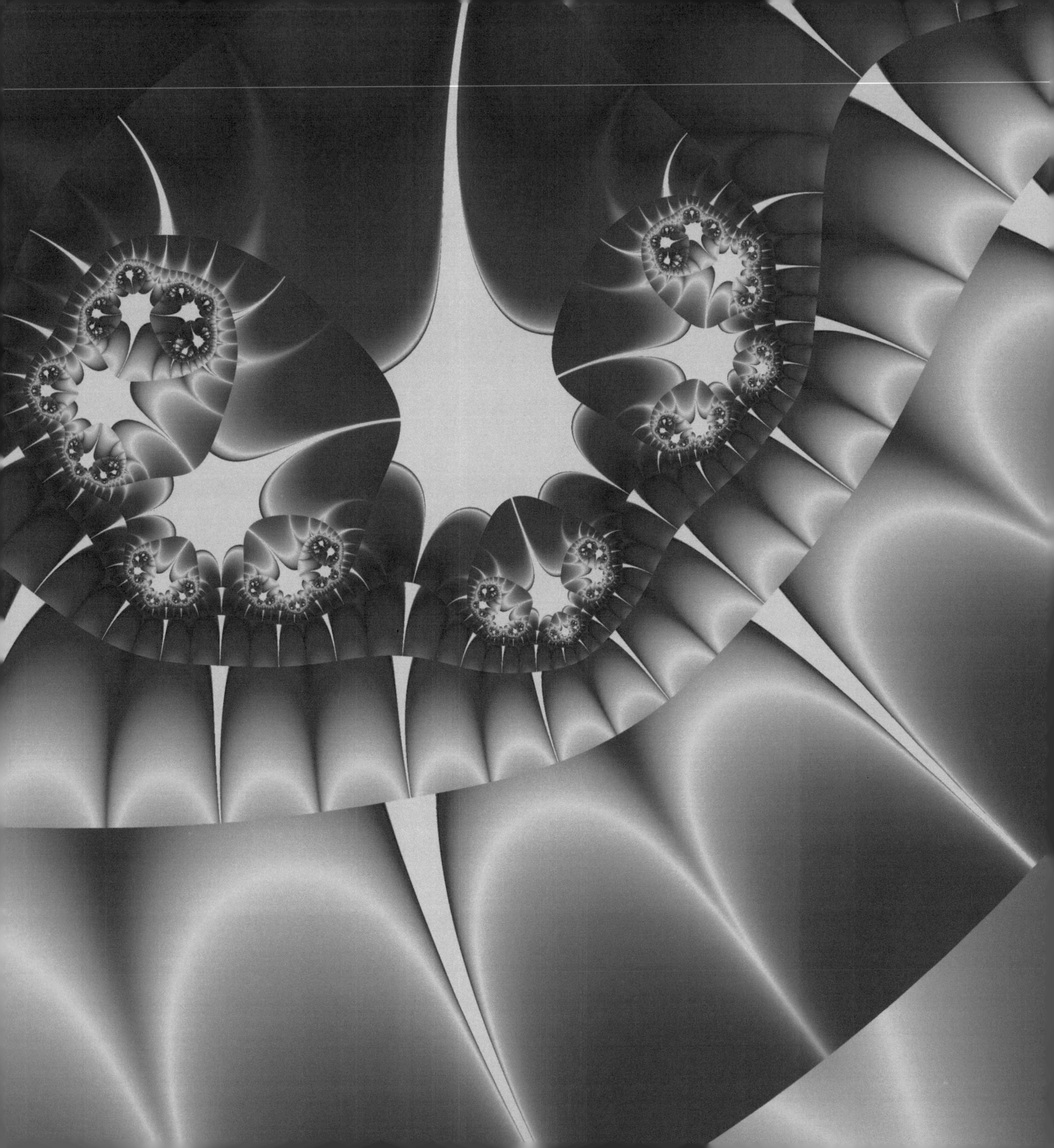

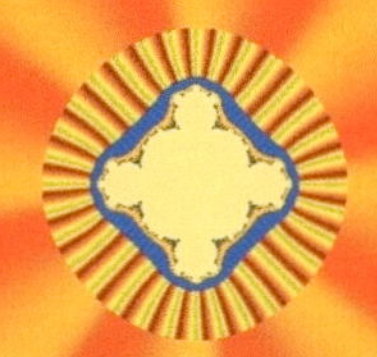

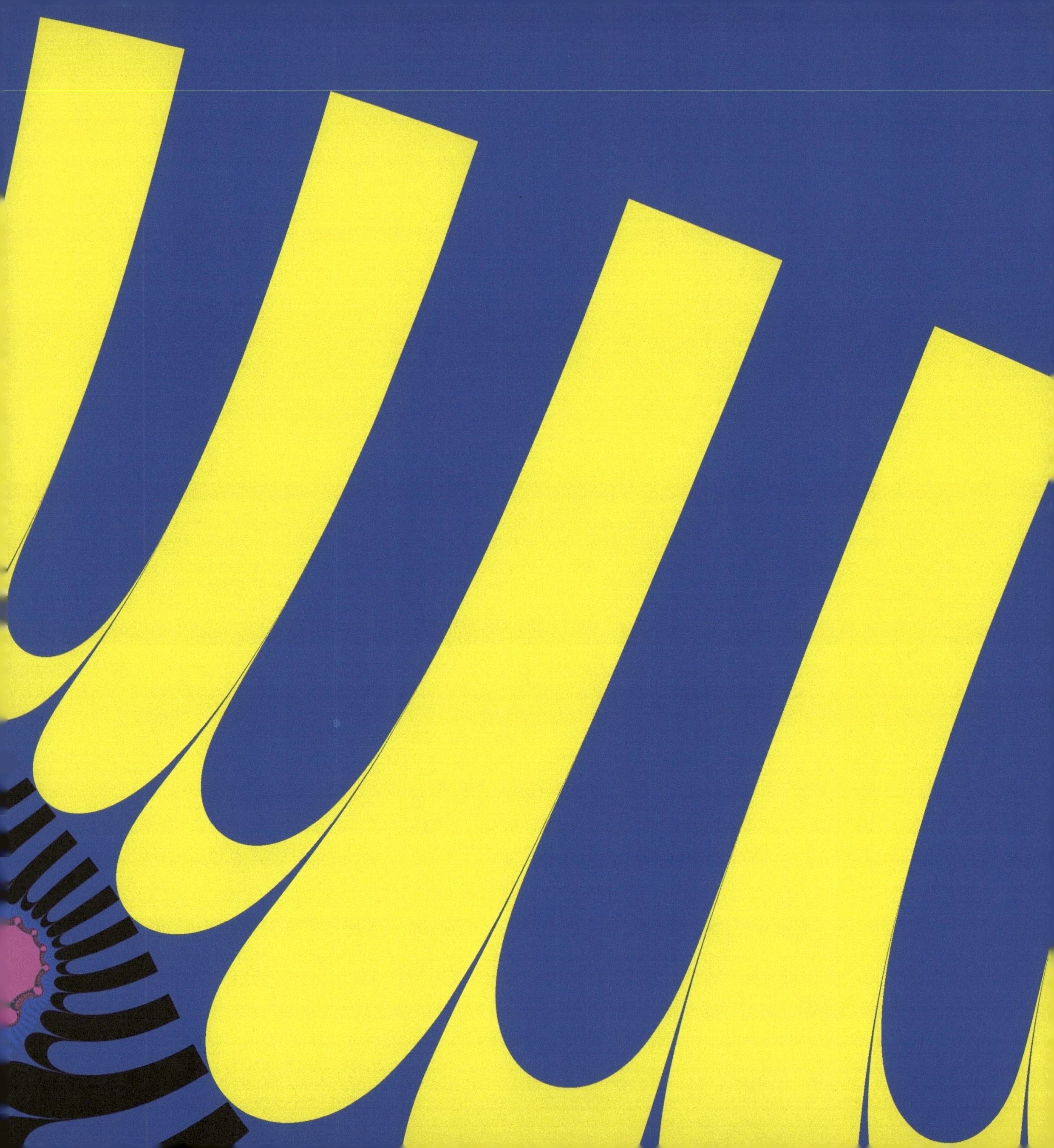

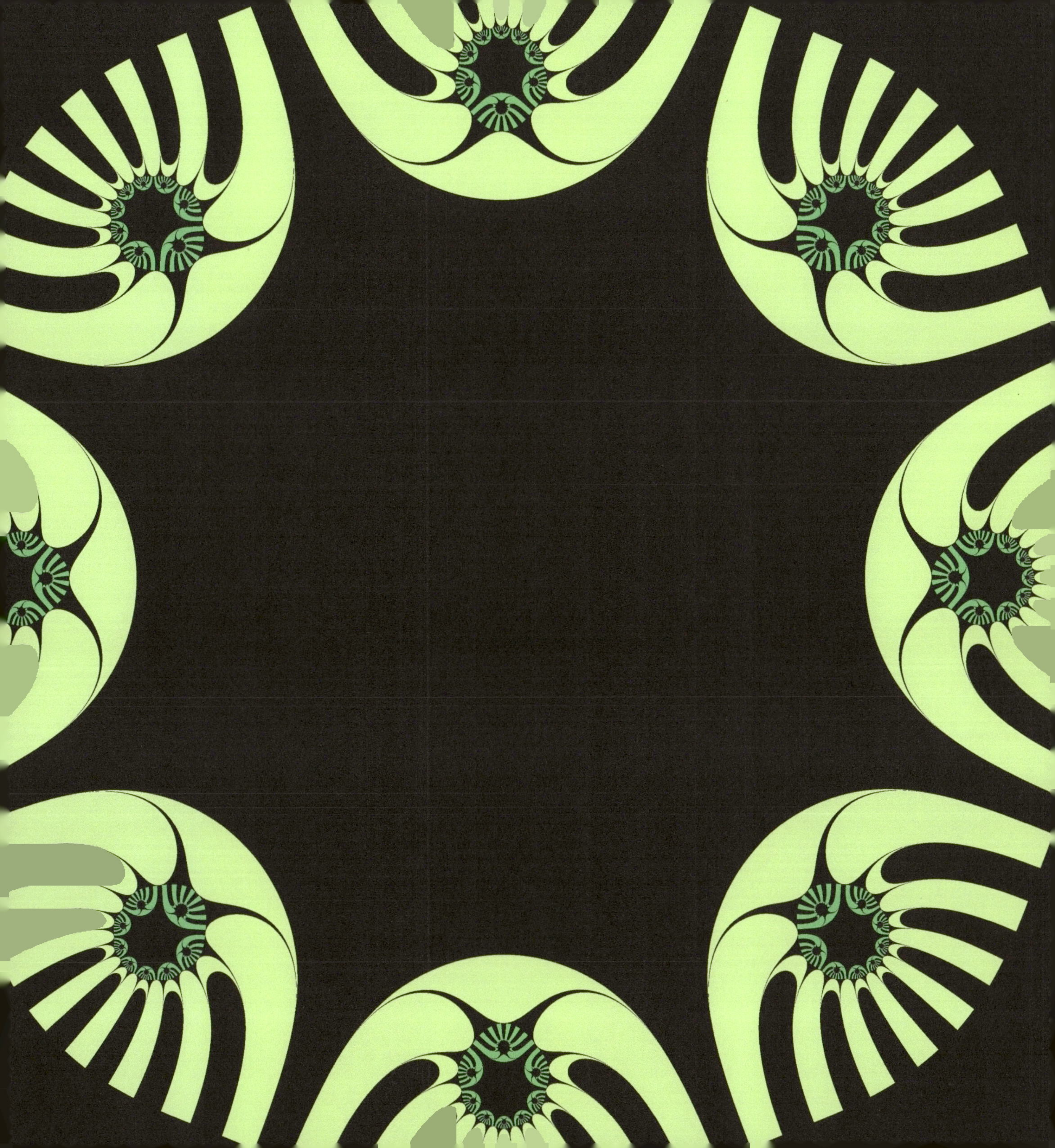

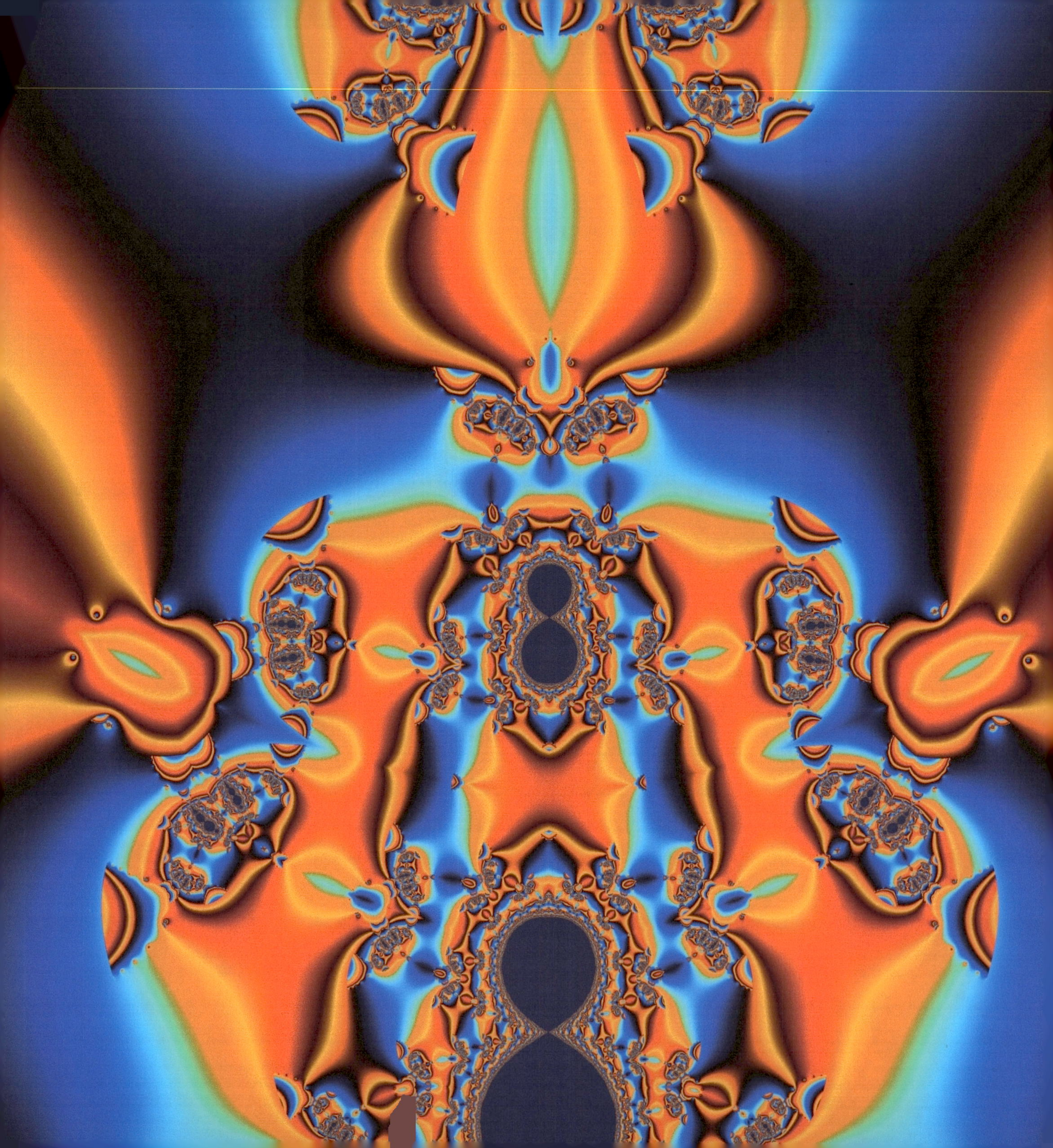

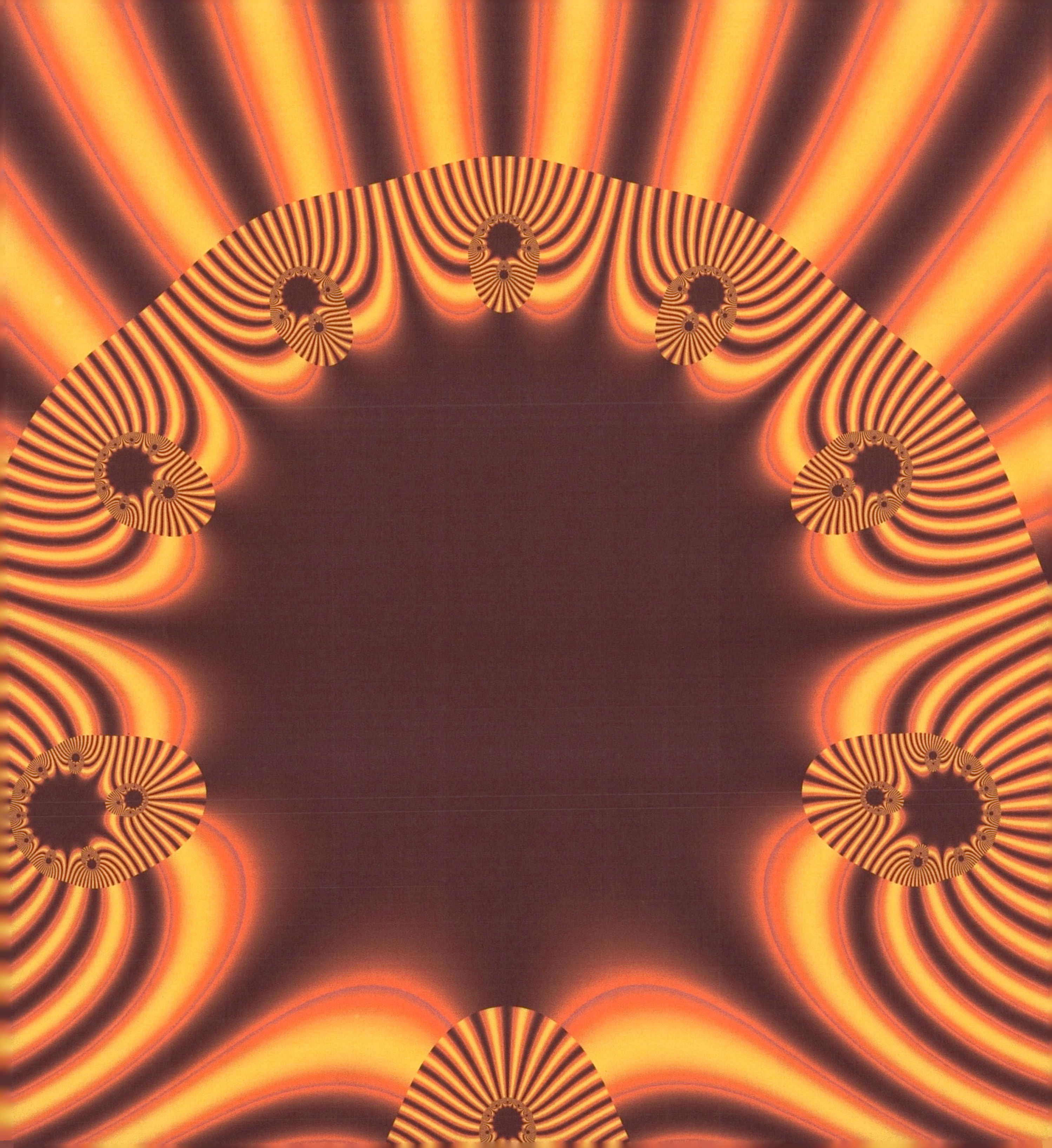

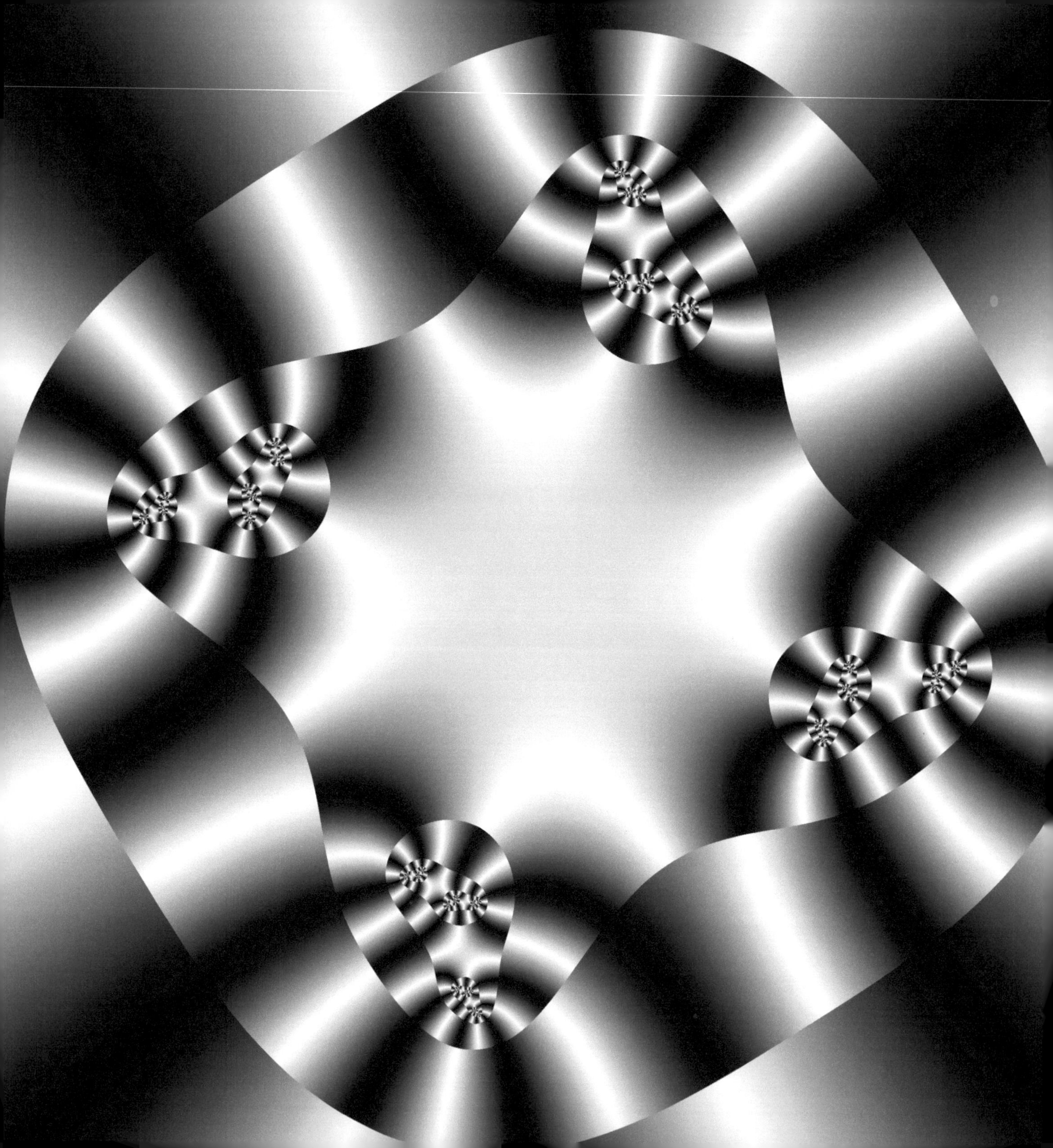

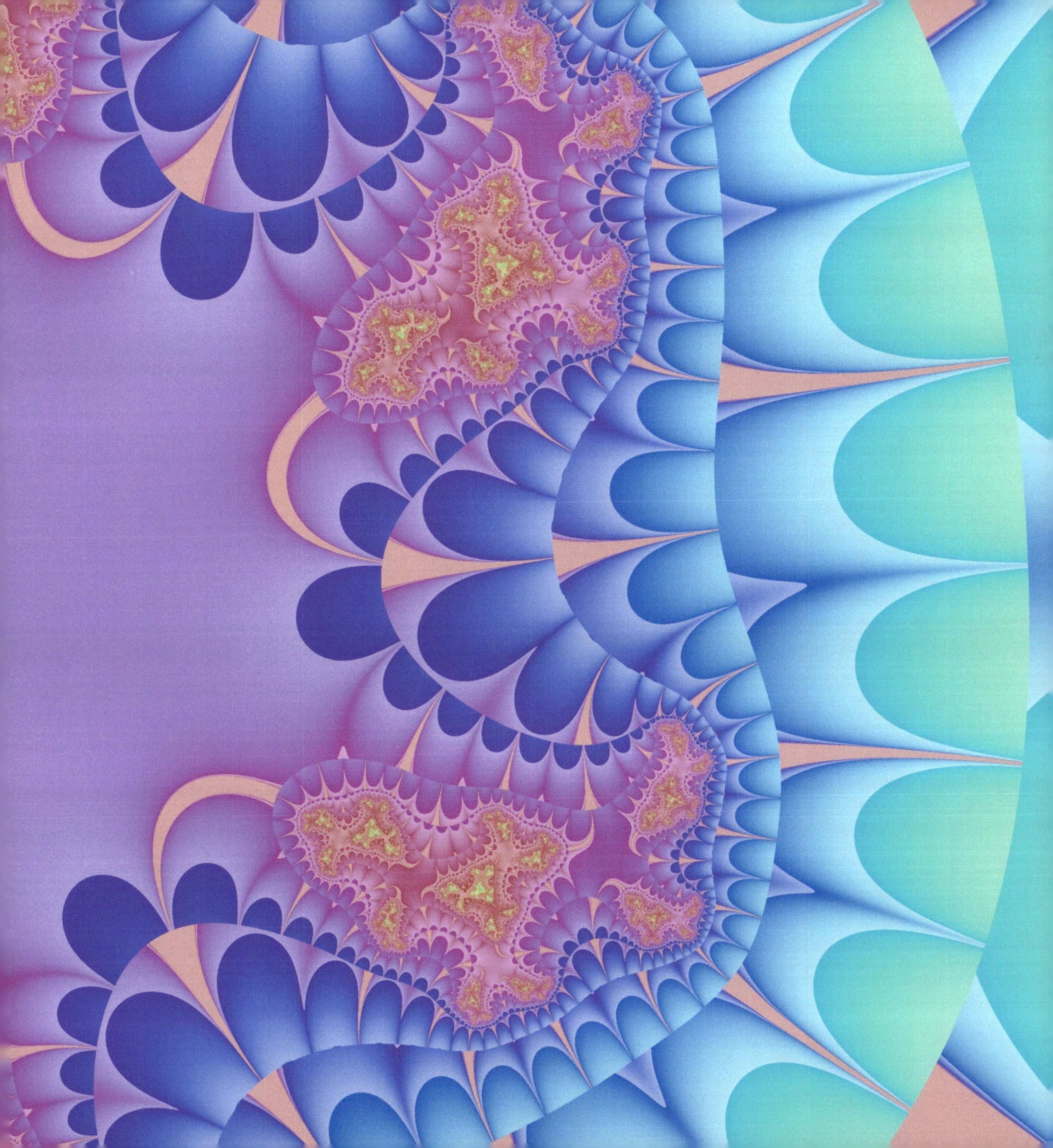

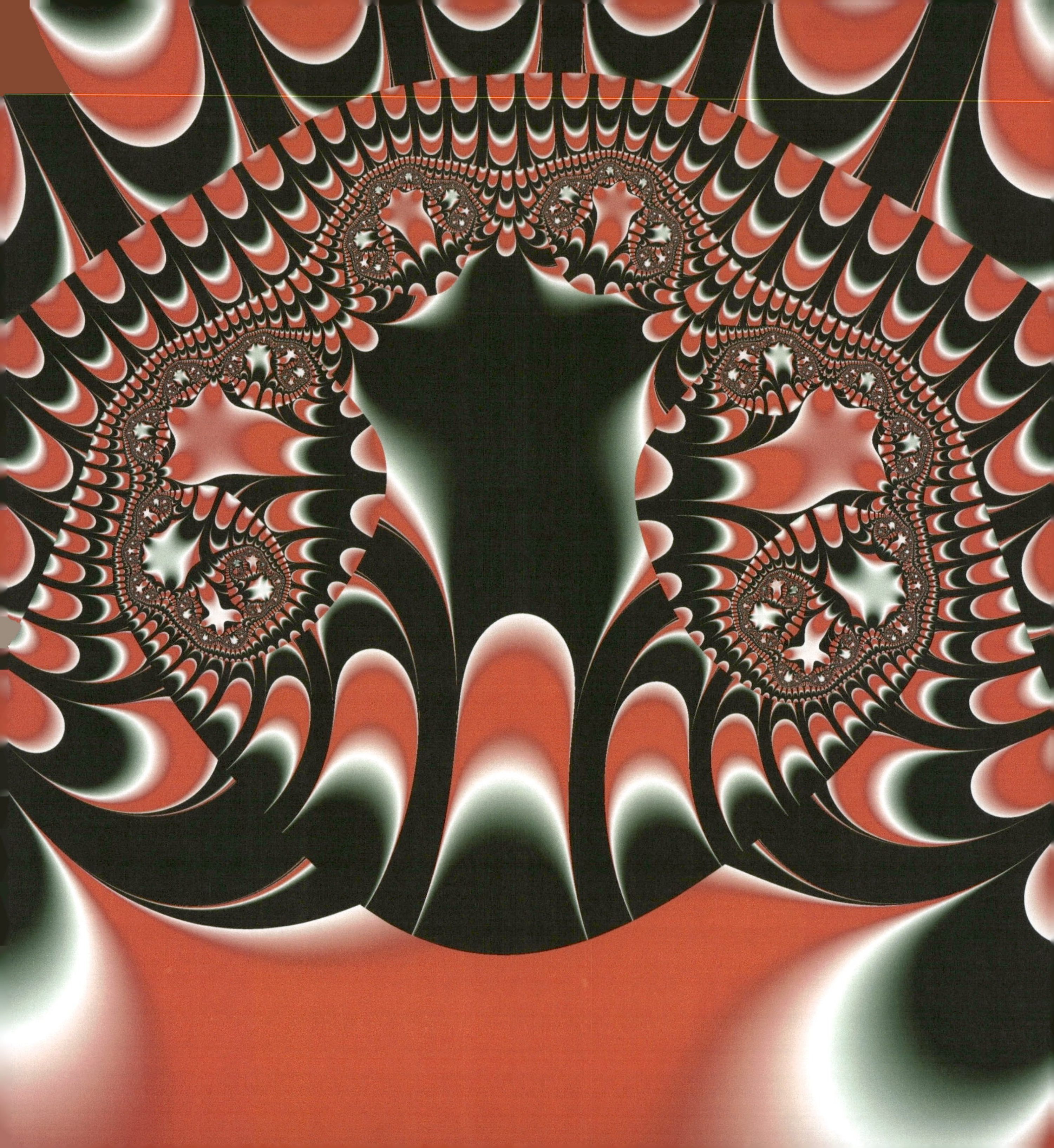

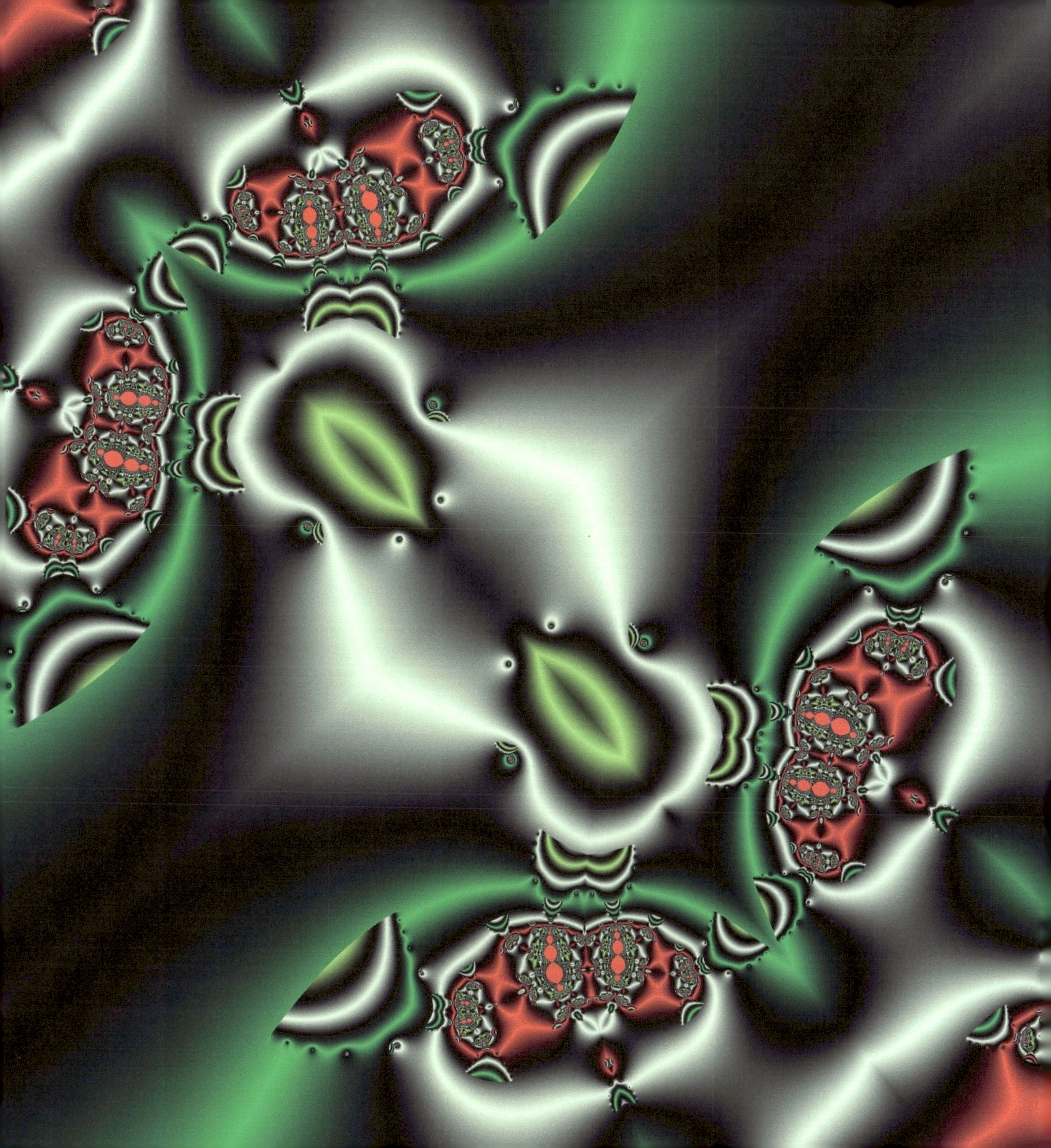

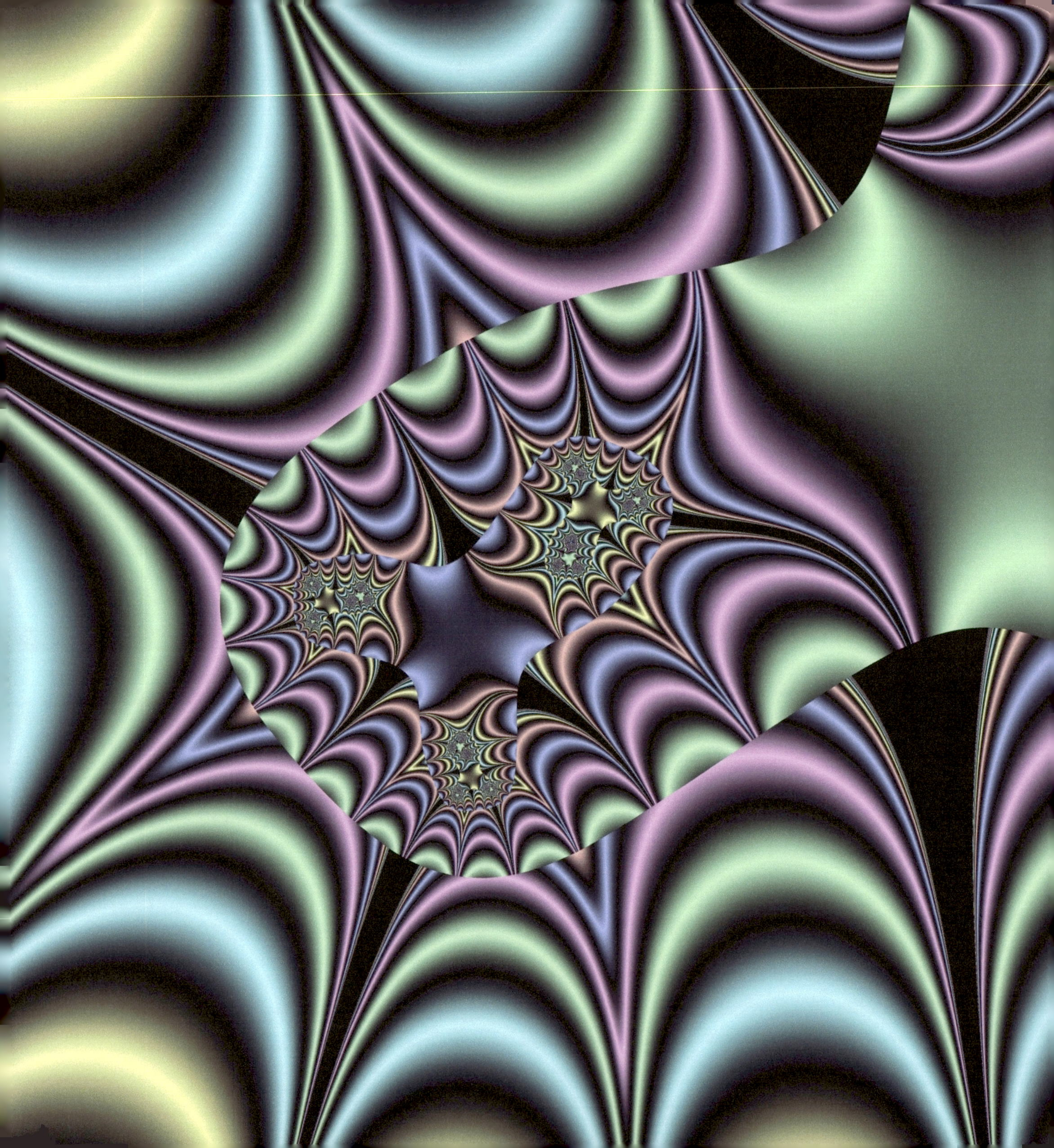

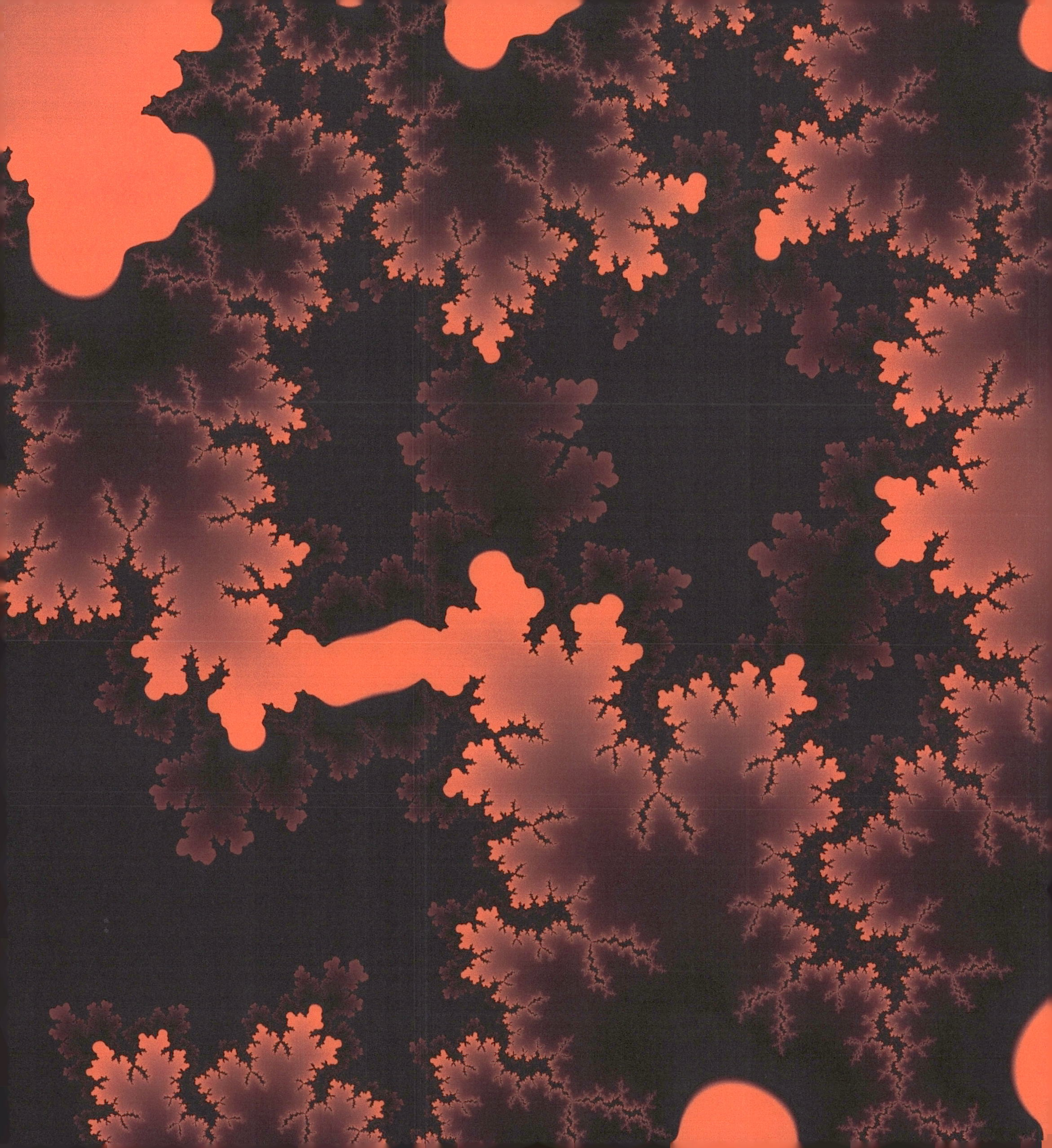

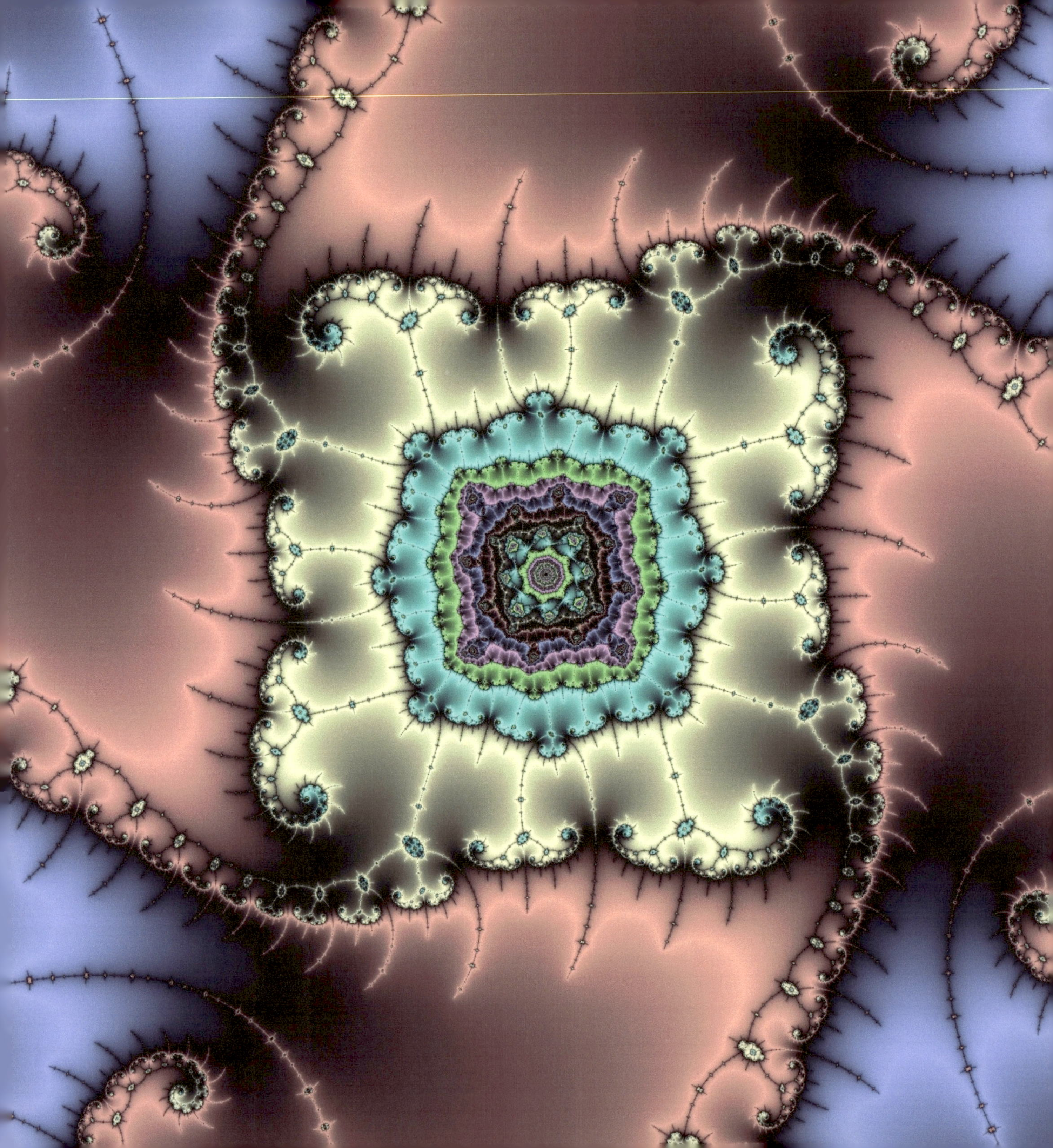

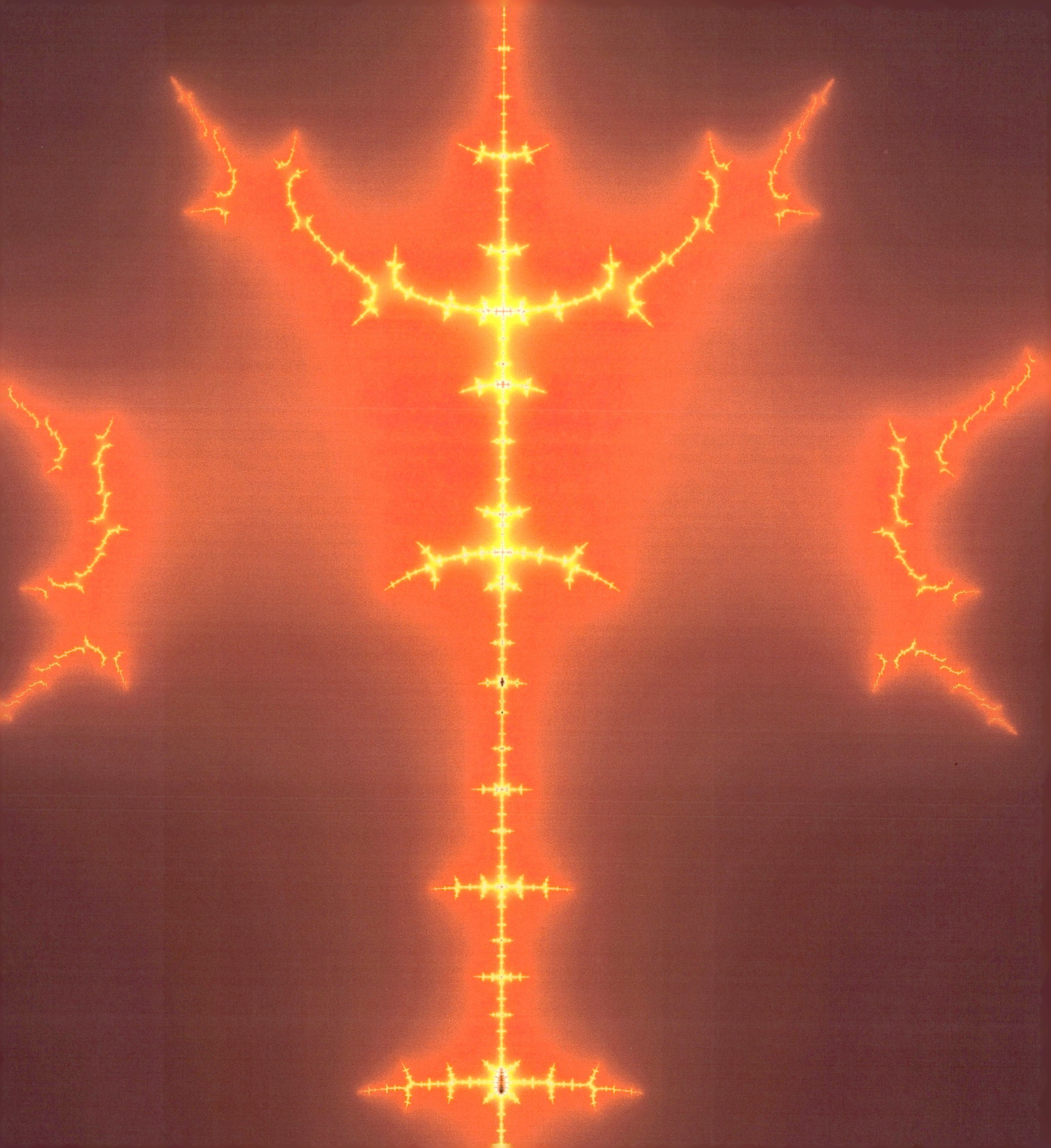

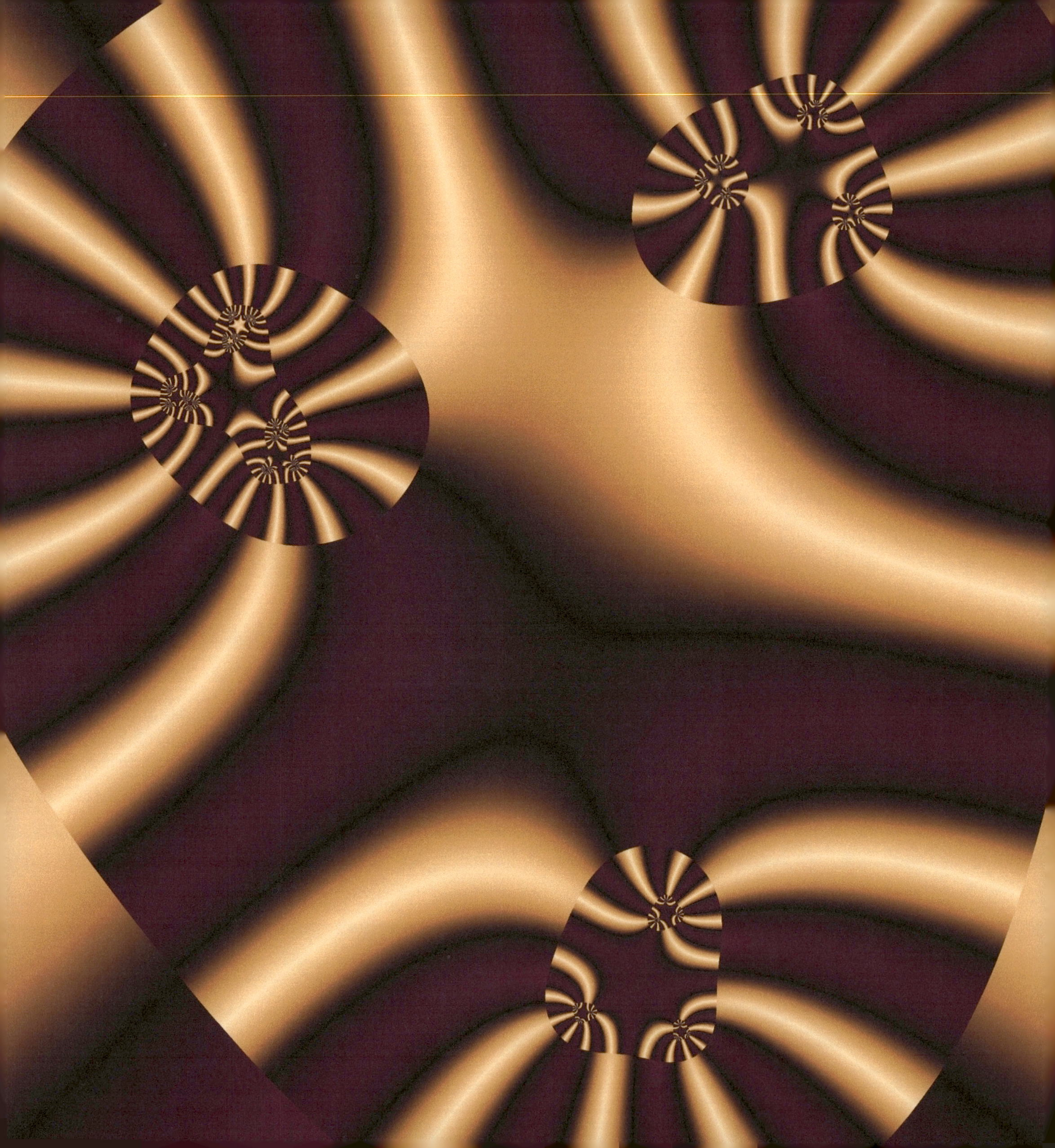

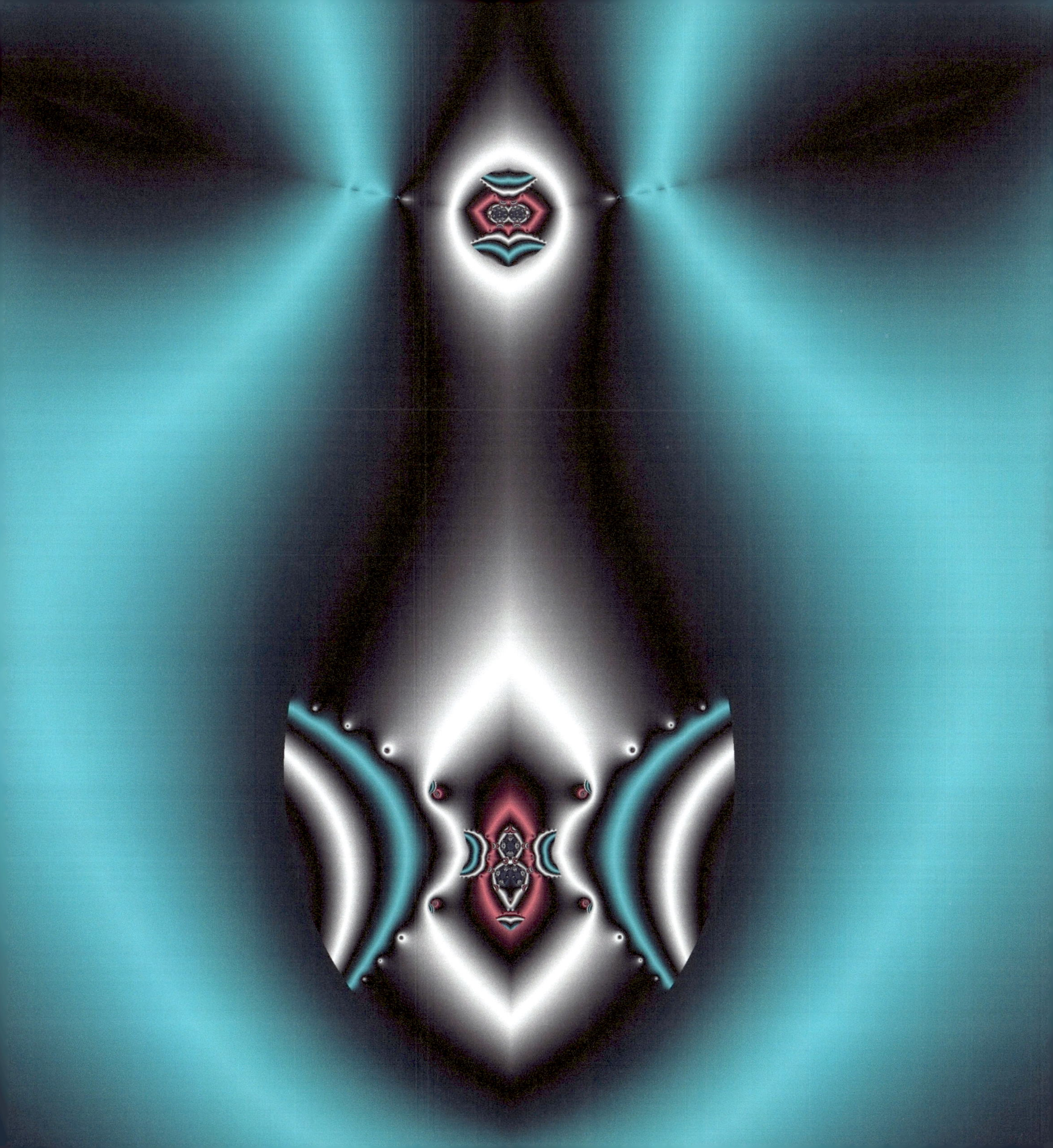

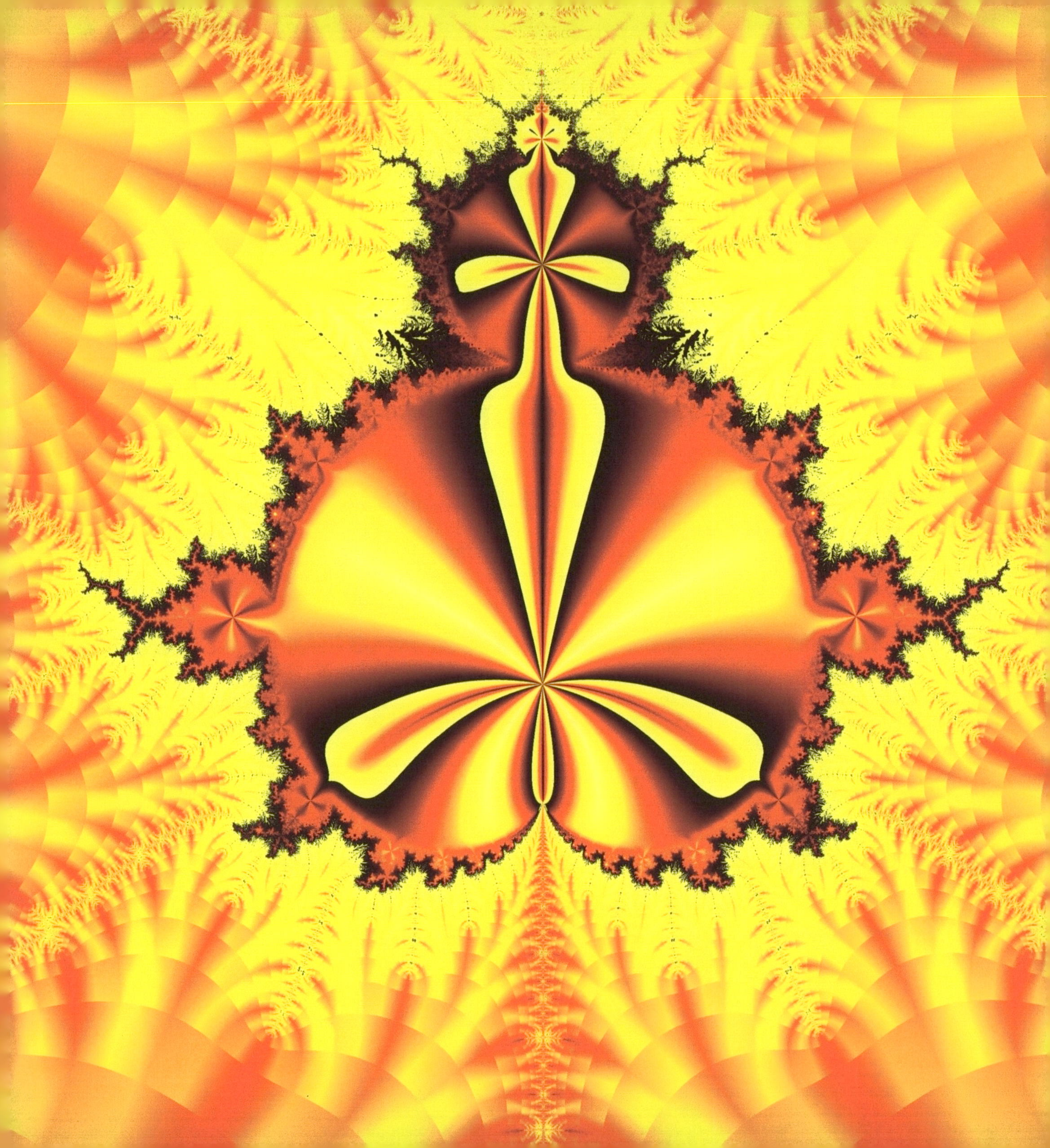

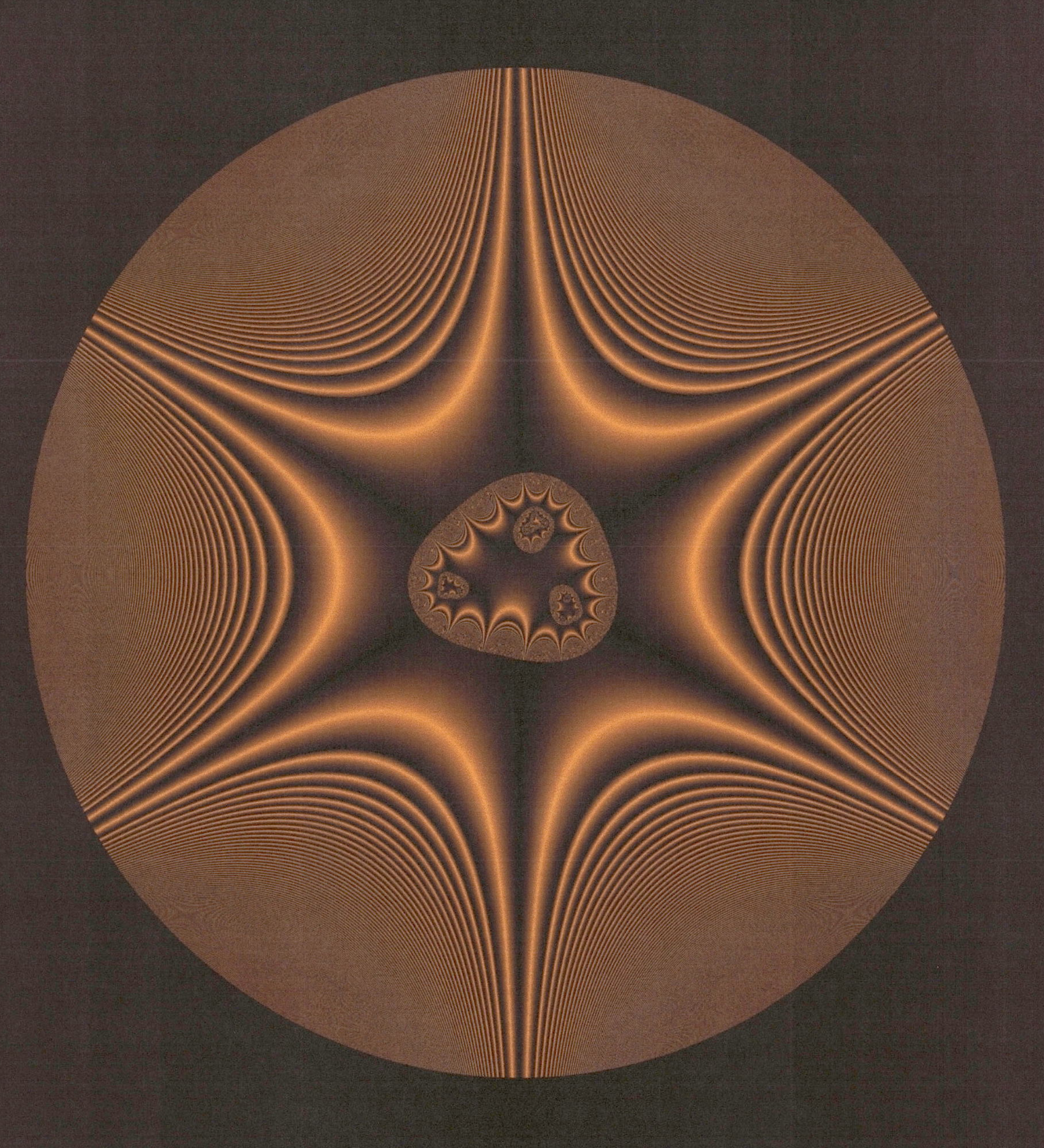

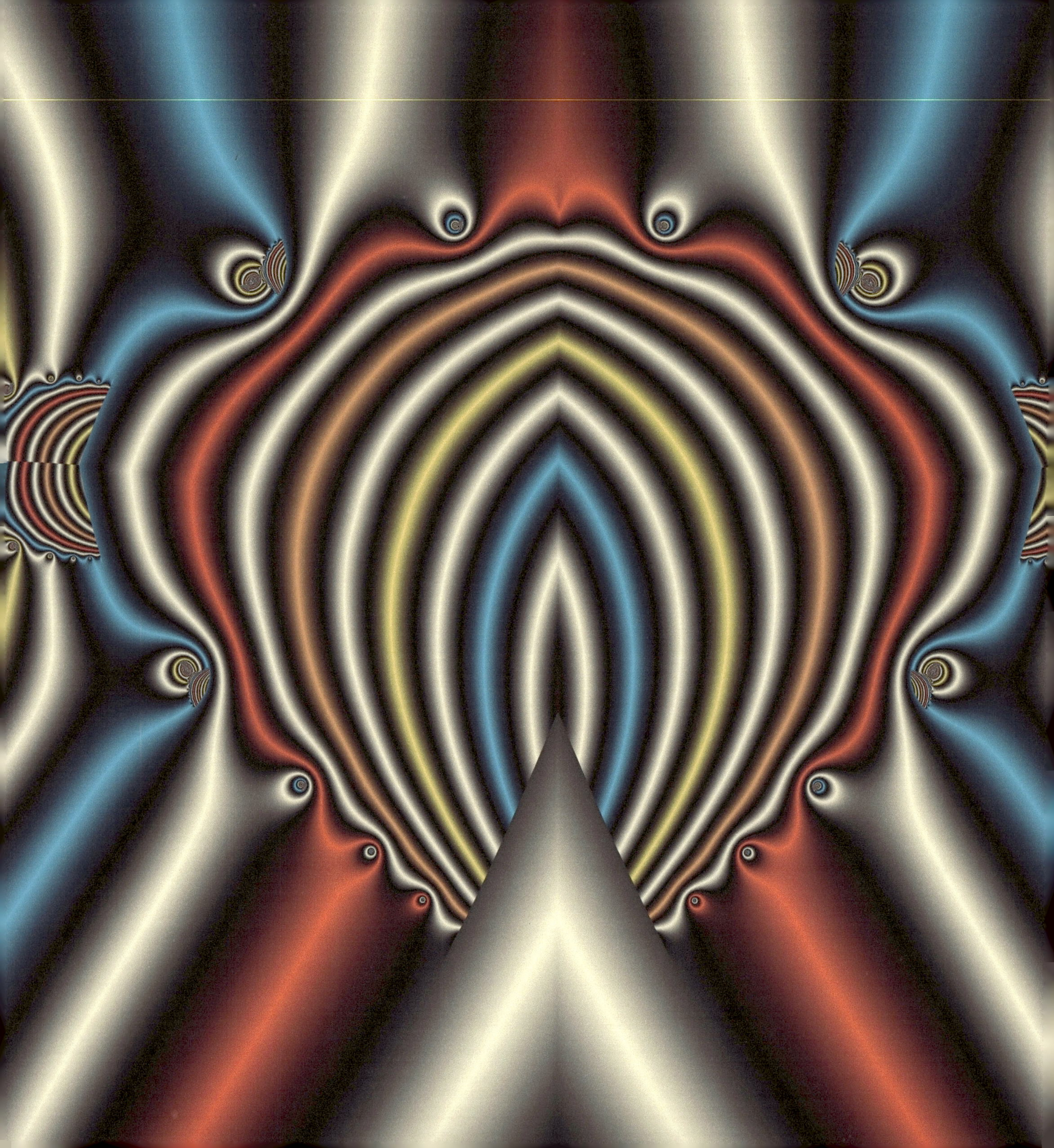

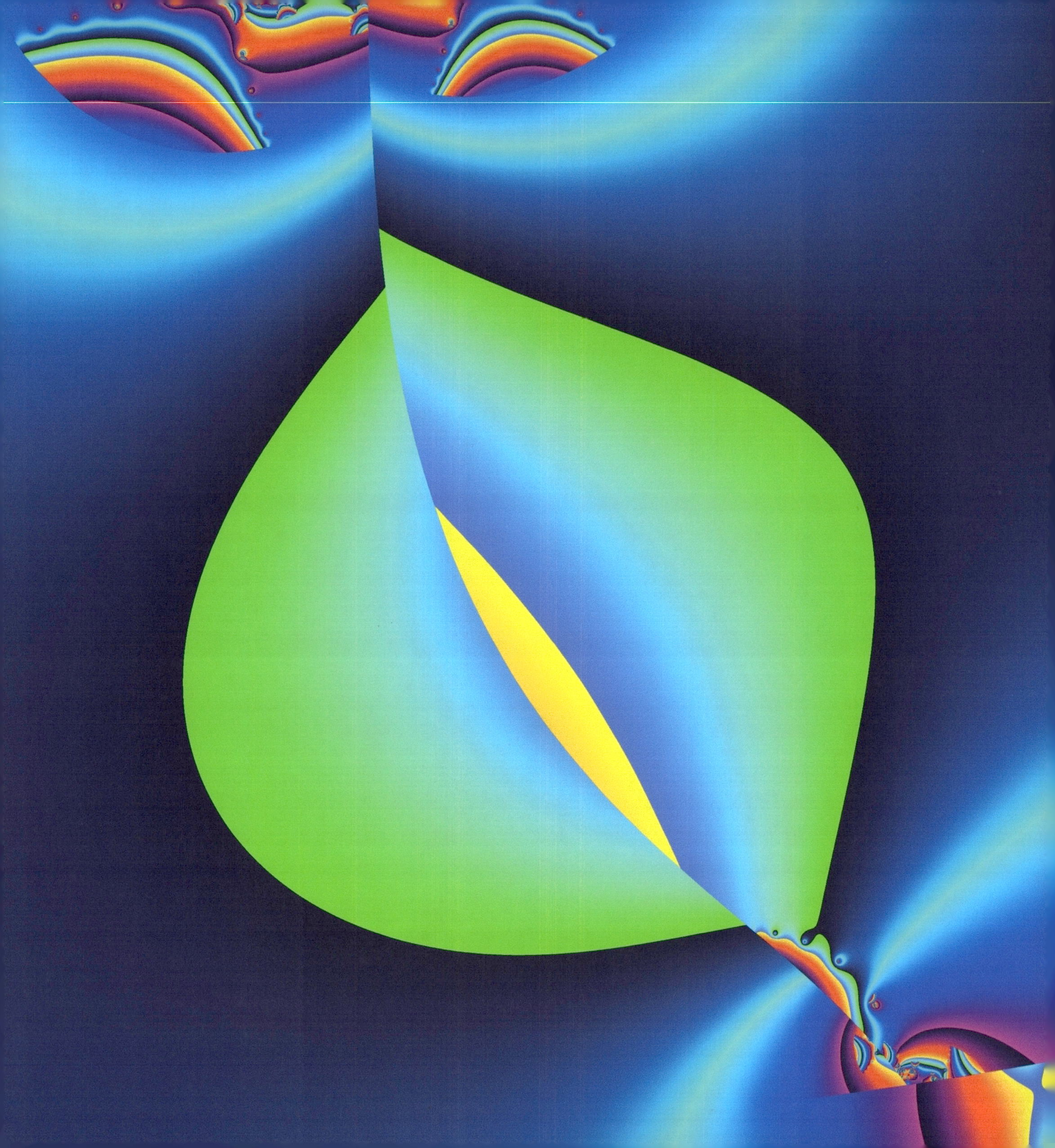

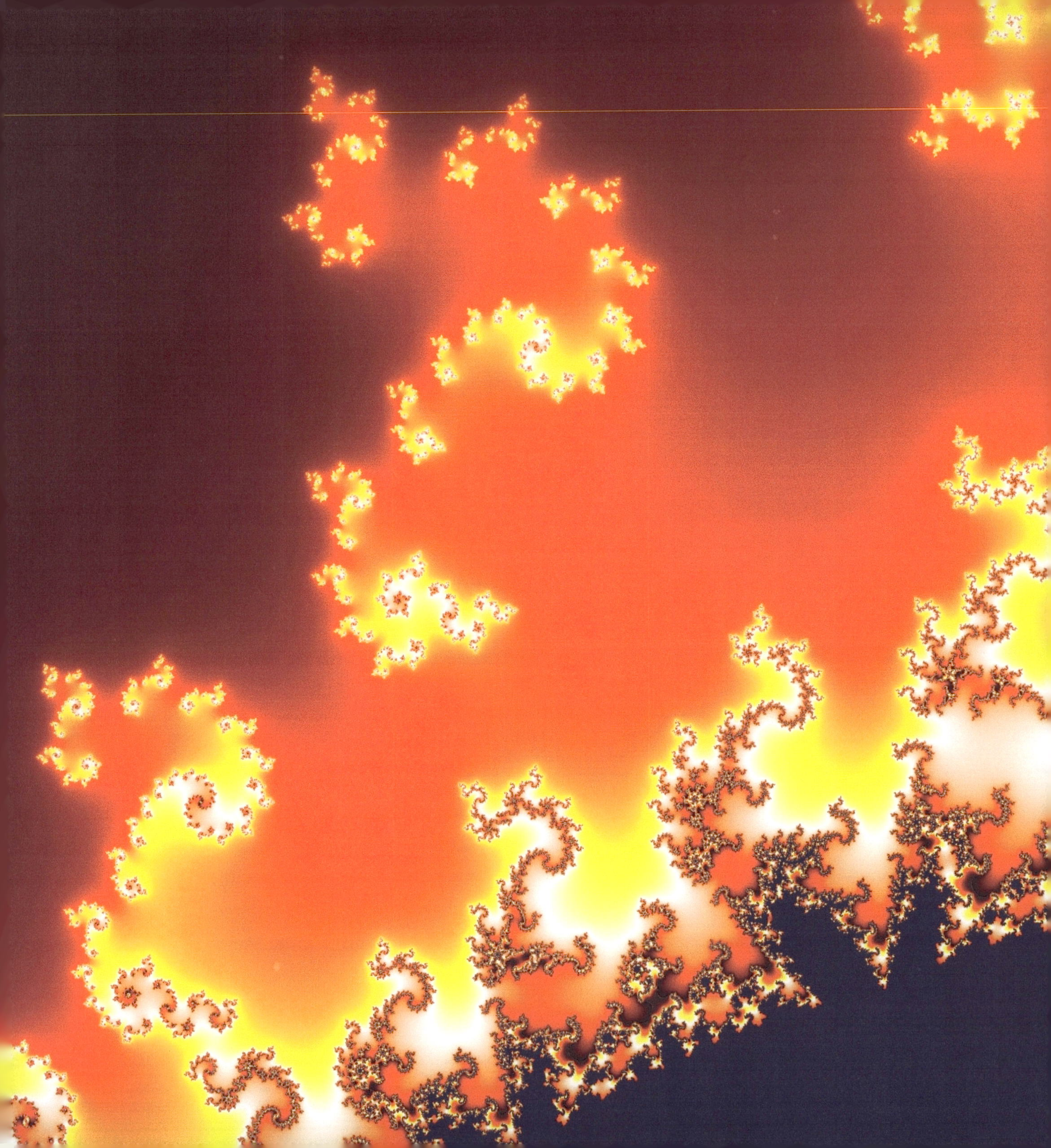

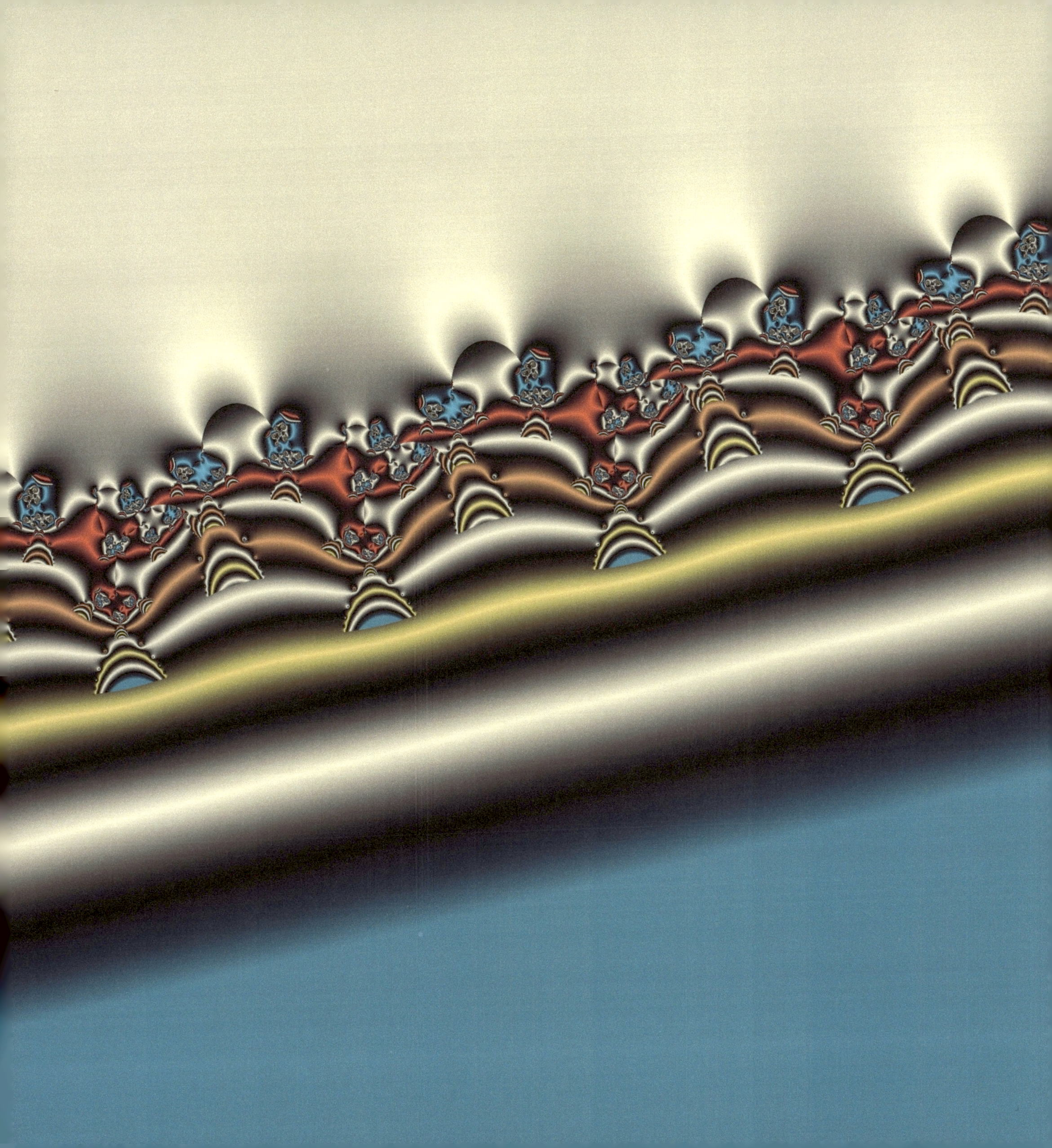

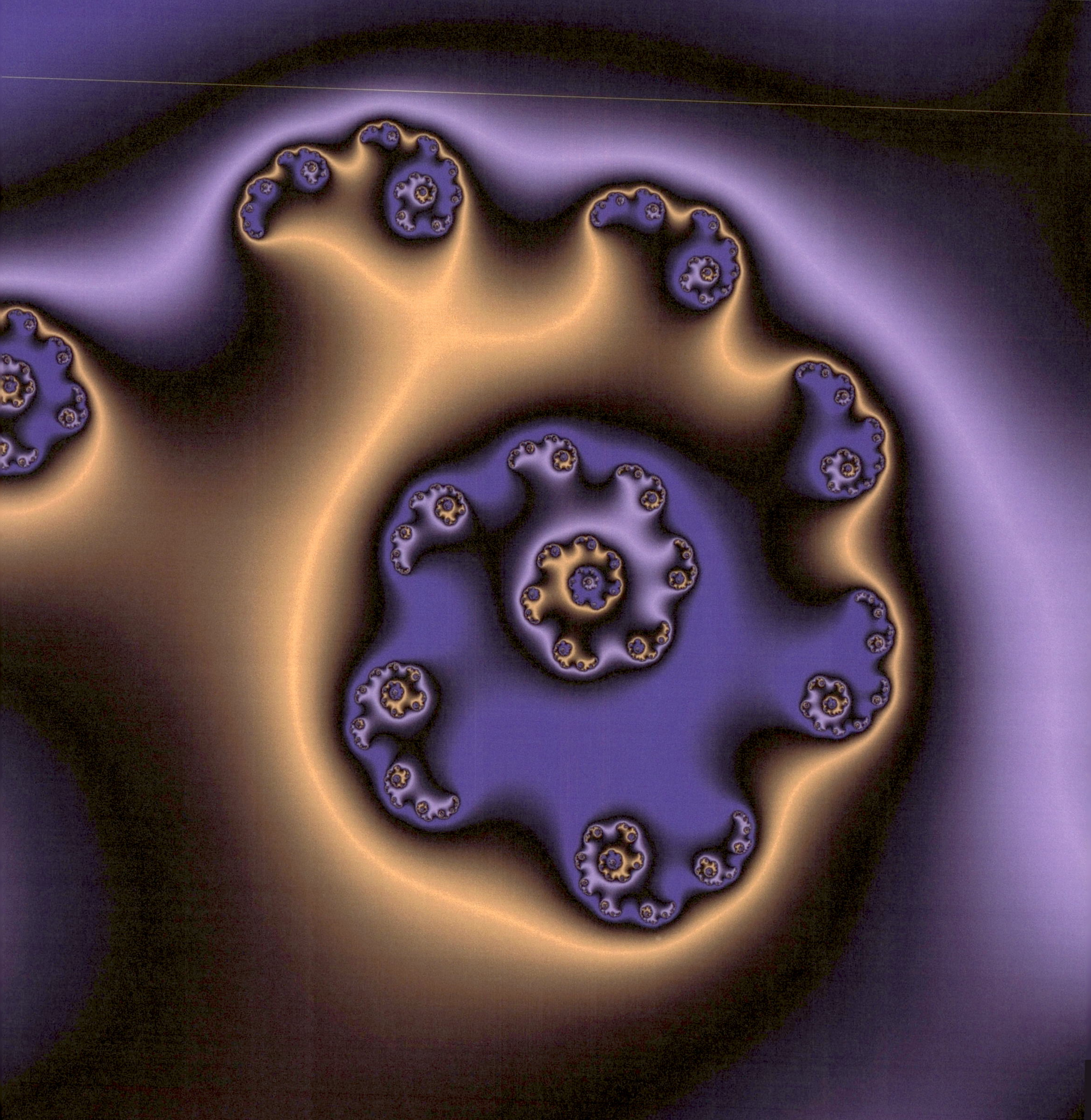

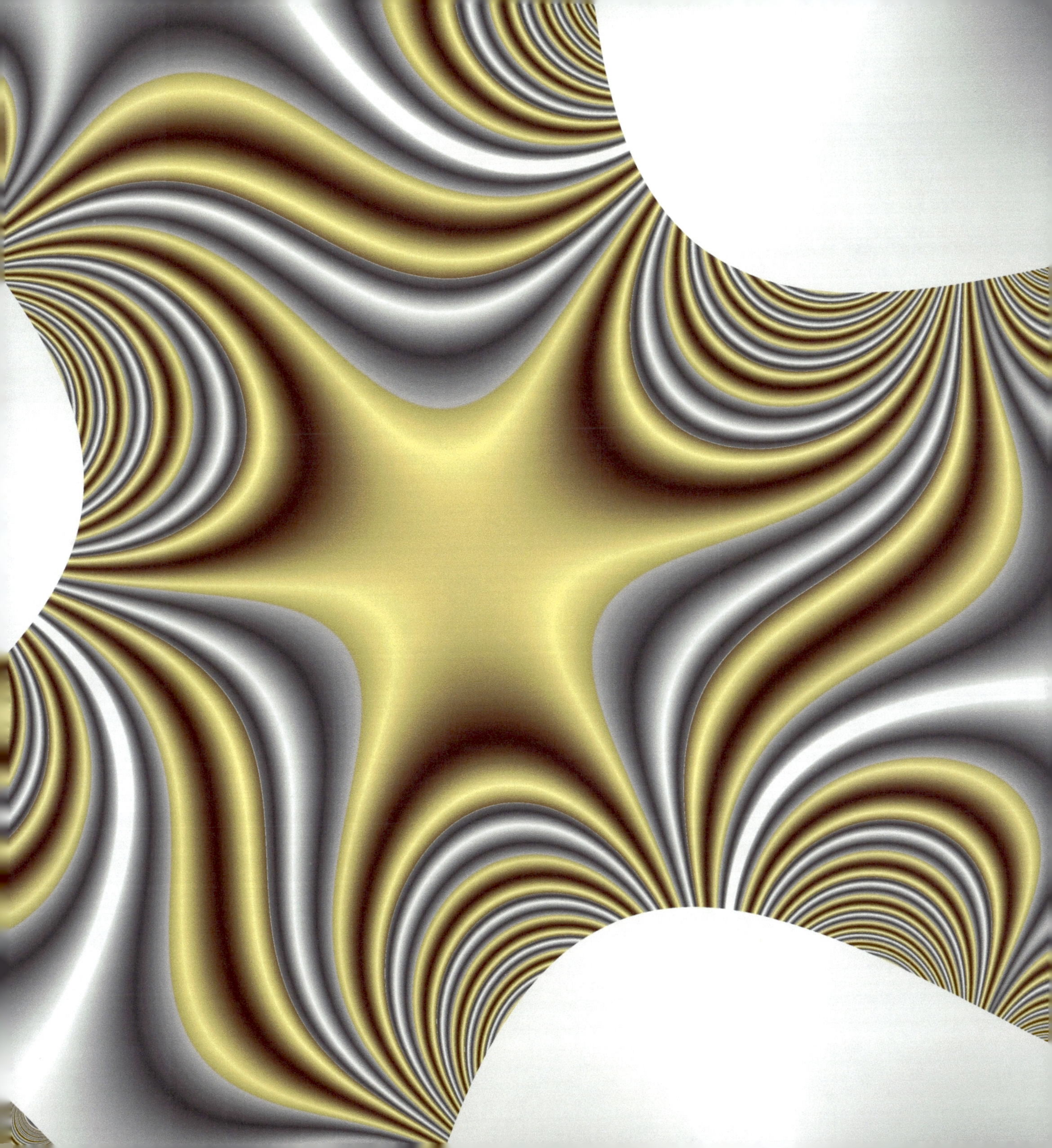

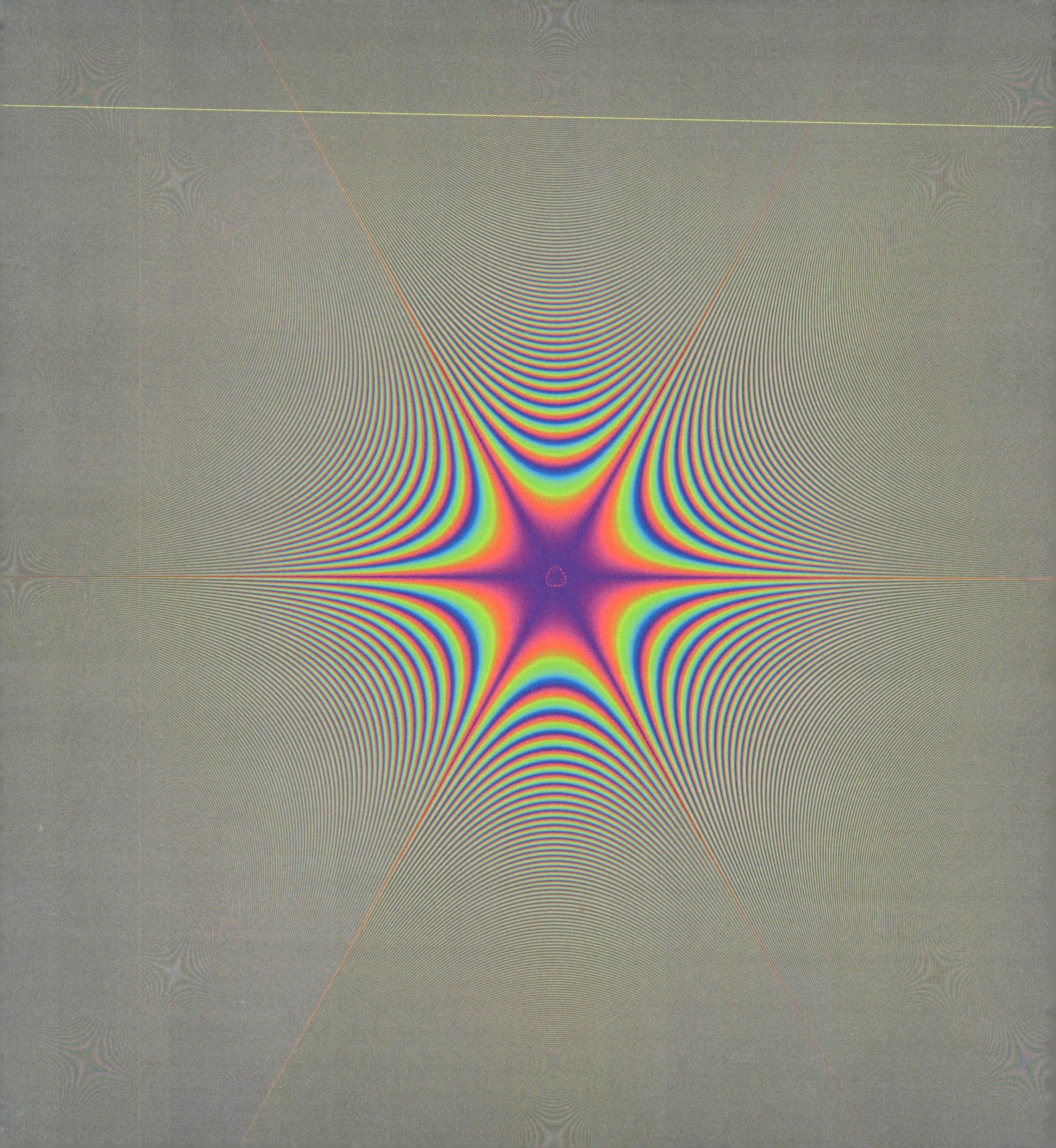

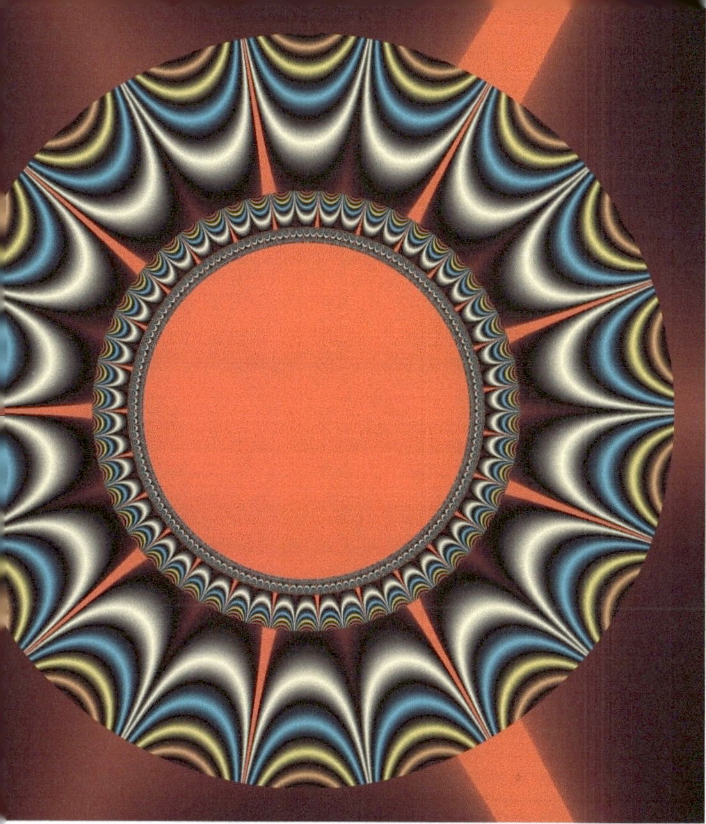

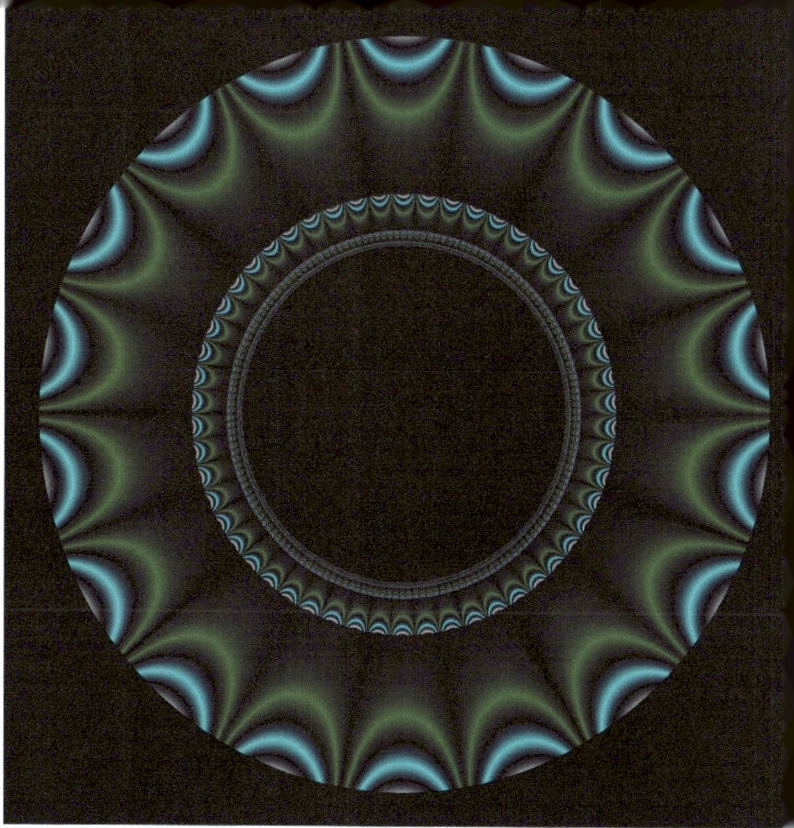

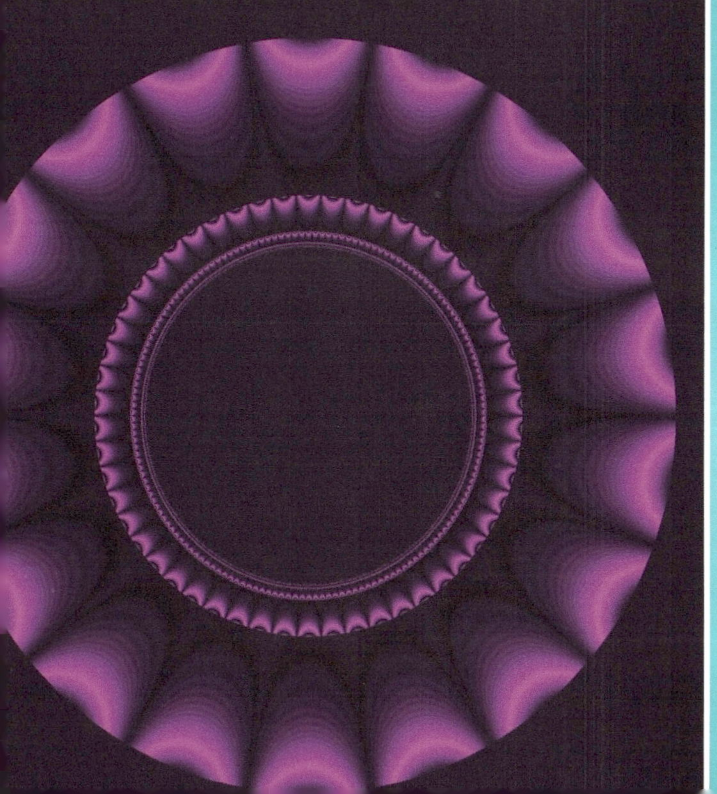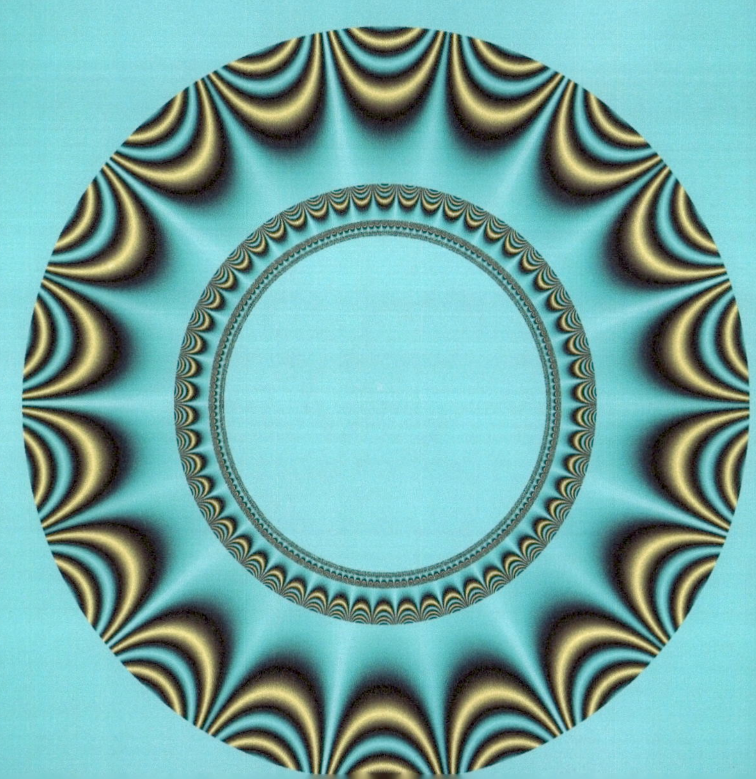

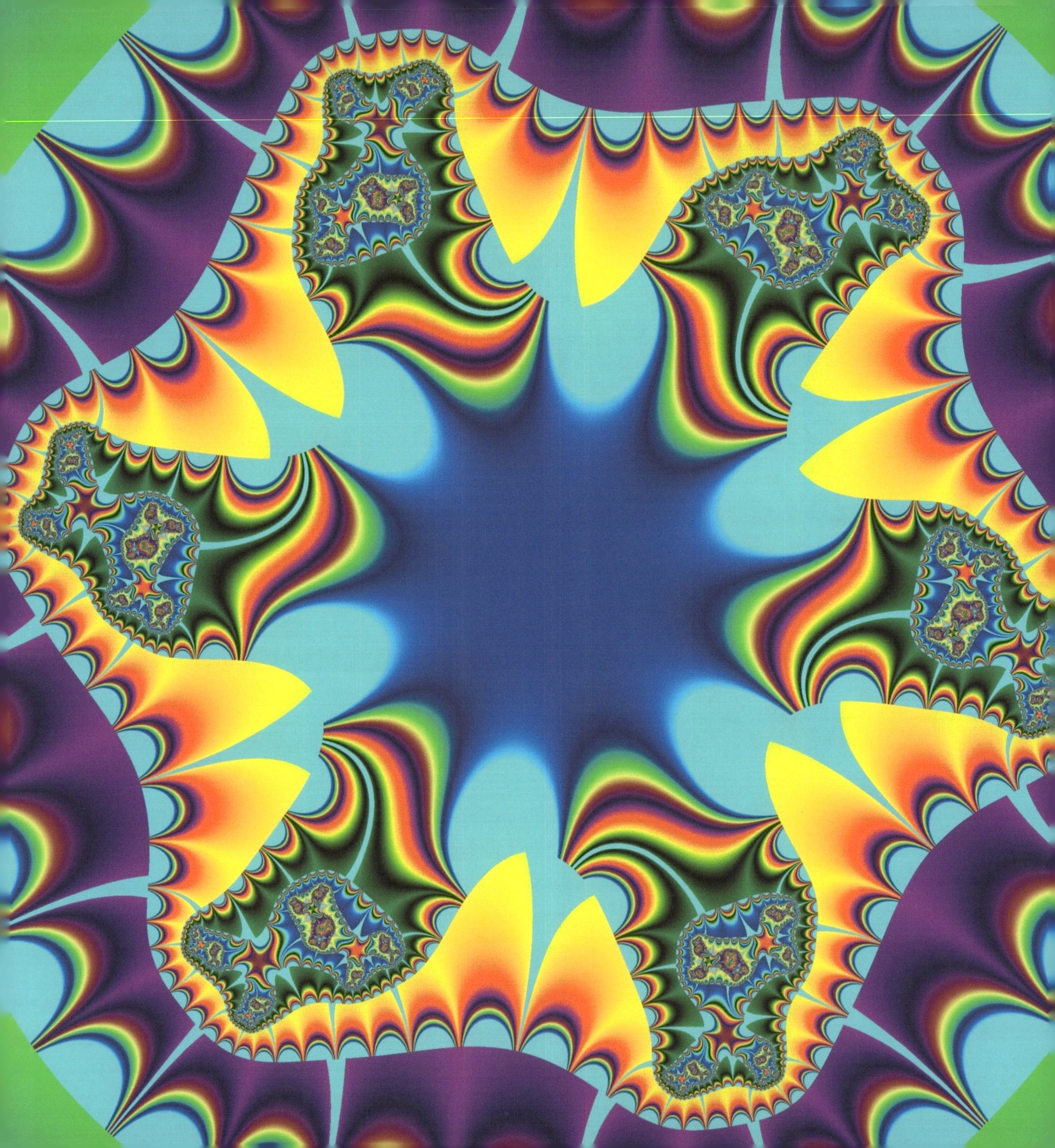